华章科技

U0232147

Steve Krug

DON'T MAKE ME THINK

原书第**3**版
Third Edition

点石成金

[美] Steve Krug 著　蒋芳 译

访客至上的Web和移动可用性设计秘笈

A Common Sense Approach to Web Usability and Mobile

Revisited

机械工业出版社
China Machine Press

图书在版编目（CIP）数据

点石成金：访客至上的 Web 和移动可用性设计秘笈（原书第 3 版）/（美）克鲁格（Krug, S.）著；
蒋芳译 . —北京：机械工业出版社，2014.10（2015.8 重印）

ISBN 978-7-111-48154-6

I. 点…　II. ①克…　②蒋…　III. 网页制作工具　IV. TP393.092

中国版本图书馆 CIP 数据核字（2014）第 228424 号

本书版权登记号：图字：01-2014-3565

点石成金：
访客至上的 Web 和移动可用性设计秘笈（原书第 3 版）

出版发行：机械工业出版社（北京市西城区百万庄大街 22 号　邮政编码：100037）

责任编辑：陈佳媛　　　　　　　　　　　　　责任校对：董纪丽
印　　刷：中国电影出版社印刷厂　　　　　　版　　次：2015 年 8 月第 1 版第 3 次印刷
开　　本：186mm×240mm　1/16　　　　　　印　　张：12.25
书　　号：ISBN 978-7-111-48154-6　　　　　定　　价：59.00 元

凡购本书，如有缺页、倒页、脱页，由本社发行部调换

客服热线：（010）88379426　88361066　　　　投稿热线：（010）88379604
购书热线：（010）68326294　88379649　68995259　　读者信箱：hzit@hzbook.com

第 1 版

献给我的父亲，他总希望我能写一本书；

献给我的母亲，她经常让我觉得自己能做到；

献给 Melanie，她嫁给了我，
这是我一生中最幸运的事；

还有我的儿子 Harry，只要他愿意，
他肯定能写出比这更好的书。

第 2 版

献给我的大哥 Phil，他一直是一个备受尊敬的人。

第 3 版

献给 14 年以来世界各地所有对
这本书如此友善的人，你们的回应，
不管是亲自告知，还是通过邮件、博客，
都给我带来了极大的快乐。

特别献给那位笑到把牛奶从鼻子里喷出来的女士。

前　言

在这里，人们来也匆匆，去也匆匆！
——Dorothy Gale，由 Judy Garland 扮演，《绿野仙踪》(1939 年)

早在 2000 年，我就写好了《*Don't Make Me Think*》这本书的第一版。

到 2002 年的时候，我开始每年收到一些邮件，读者们（非常有礼貌地）问我有没有想过要出新的版本。他们并不是在抱怨，只是善意的提醒，通常的说法是"里面有很多示例已经过时了"。

那时候我的标准回复是这样的：由于我写这本书的时候正赶上互联网泡沫破碎，很多我在书中用作示例的网站到书籍出版上市的时候就已经消失了，不过我并不认为这会让这些例子没有说服力。

后来，到了 2006 年，我终于有了强烈的动机想要写一个新的版本[○]。不过当自己重读了一遍，想要找出哪些地方应该更新的时候，我还是觉得"这些内容还是有效的"。我实在很难找出有多少篇幅需要进行改动。

然而，如果是一个新的版本，那么确实也应该有一些不一样的内容。因此我在第 2 版中增加了之前没有来得及写完的三章，然后点击"小憩"按钮，拉过被子，蒙上头，又睡了七年。

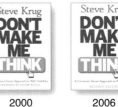

2000　　　2006

○　以前这本书一半的版税属于一个公司，而这个公司已经不复存在了，写一个新的版本意味着可以签订一份新的合同，也就是说，全部版税都将属于我。

（对我来说，写作确实不是一件容易的事，因此我总想找个理由不去写。哪天给我把这个毛病根治一下吧！）

那么，为什么，现在，最后，又来一个新的版本呢？理由有两个。

#1 让我们来面对现实：它已经是一本老书了

毫无疑问，现在，它有点过时了。毕竟，已经 13 年了，在互联网时代，13 年就像 100 年那么久（看到没，现在甚至都没有人说"互联网时代"这个词了）。

书里作为示例的大部分网页，例如 2000 年议员 Orrin Hatch 的竞选网站，现在看起来的确有点老土了。

www.orrinhatch.com，1999年　　www.orrinhatch.com，2012年

我们都知道，现在的网站通常看起来很精致、很时尚。

最近我开始有点担心，最终有一天，这本书会变得过时，书里的内容不再有用。不过我也知道现在还不至于，因为：

- 它的销售依然很稳定（感谢上天），没有什么下降的趋势。而且，现在它已经成为很多课程的必读材料，这可是我以前没想到过的。

- 在 Twitter 上，来自世界各地的新读者还在不停地提到他们在本书中学到的东西。

- 我还在不停地听到同样的故事："我给我们老板看这本书，希望他能明白我的工作，他读了，然后他给我们团队/部门/公司每人买了一本。"（这个故事真是爱死人了！）

- 人们还在不停地告诉我，因为这本书他们获得了现在的工作，或者它影响了他们在职业生涯[○]上的选择。

但是我知道，前面提到的老化效应最终会对人们产生影响，就像我的儿子现在很难再回过头去看他小时候爱看的那些黑白电影一样，不管它们曾经多么吸引人。

因此，是时候来一些新的示例了。

#2 这个世界已经变了

我们使用计算机和互联网的方式已经发生了很多变化，这么说已经很保守了。非常保守。

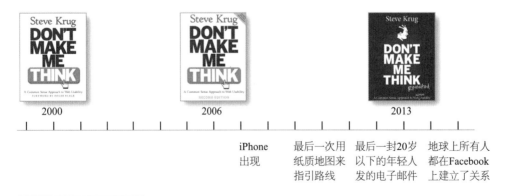

○ 我特别开心，也倍感荣幸，但还是不得不承认，有时候我总是忍不住会想："哎呀！我希望她的本意不是想成为一名脑外科医生。我都做了些什么？"

在以下三个方面，局势发生了变化：

- **技术已经进一步发展。** 在 2000 年，我们还在用大屏幕显示器上网，我们还在使用键盘、鼠标 / 触摸屏，而且我们在上网的时候总是坐着，通常是坐在一张桌子前面。

现在我们使用的是能随身携带的微型电脑，它能拍摄照片和视频，里面有魔法地图，能随时告诉我们当前所处的地点，还装着我们所有的书籍和音乐。它还能一直上网。噢，对了，同时，它还能打电话。

天哪，我能用我的"手机"做很多事。

瞬间订餐

无论在哪里，都可以
调节房间的温度

不用ATM，就可以
存入支票

尽管还不是飞行汽车 (想想，曾经有人预言过现在我们应该有飞行汽车了)，但它也还是让人刮目相看。

- **网络本身也在不断改善。** 就算用桌面电脑上网来处理这些日常事务 (购物、制订旅行计划、联系朋友、阅读新闻、解决酒吧小游戏)，我们用到的网站也比其"前辈"们功能更多、更强大。

我们已经习惯了像自动建议和自动更正这样的小服务，还有，如果不能在线支付停车费用或者不能在网上更新驾照，我们会觉得很麻烦。

- **可用性成为主流**。在 2000 年，懂得可用性重要性的人并不是很多。

现在，感谢 Steve Jobs（和 Jonathan Ive），大部分的功劳归于他们，几乎所有人都知道了可用性有多重要，哪怕他们仍然不知道可用性到底是什么。现在通常人们管可用性叫用户体验设计（User Experience Design，UXD），或者简称为 UX（用户体验），这是一个包罗万象的词，可以指代任何行业或者活动，只要它们对改进用户的体验有所帮助。

现在，大家如此重视为用户设计，这当然是一件幸事。不过，伴随这场进化而来的各种职位描述、学科分支和工具，让大部分人都非常迷惑，不知道他们到底应该怎么做。

接下来我会在整本书里贯穿讨论这三个方面的变化。

别误会

这个版本会包括新的示例、一些新的设计原则，以及我在这些年的一些心得体会，但它还是原来那本书，宗旨没有改变：它仍然是一本讲述如何让网站设计得卓越、有用的书。

同时，它也是一本关于设计方法的书，只要是在设计需要人与之交互的产品，都可以适用，不管是微波炉、移动应用，还是 ATM。

基本的设计原则永远经典，哪怕天地变迁，沧海桑田，因为可用性是关于人，关于人们如何理解和使用产品的，它和技术没有关系。同时，尽管技术的发展日新月异，人本身的变化却非常缓慢⊖。

⊖ 关于这一点，有一个精彩的挪威视频（带字幕），讲的是一个和尚，当他试图使用一种"新型书籍"的时候寻求帮助的故事（可以在 YouTube 上搜索"medieval helpdesk"进行观看）。

或者就像 Jakob Nielsen 所述：

> 人类大脑的容量不会马上发生变化，所以这些人类行为研究所得到的成
> 果在很长时间内都不会失效。对于用户来说，20 年前他们遇到的困难，
> 现在同样如此。

我希望你们会喜欢这个新的版本，还有，如果过几年你们坐着飞行汽车遇到我，别
忘了冲我挥个手。

Steve Krug

2013 年 11 月

导　　读

注意事项和免责声明

> 你们不知道的，我没法告诉你们，
>
> 但我可以澄清一些事实。
>
> ——Joe Ferrara，我的一位高中校友

我有一份相当不错的工作。我是一名可用性咨询师，下面就是我平时的工作内容：

- 人们（客户）发给我一些他们正在进行的工作。

可能是全新的网站设计页面，或他们正在重新设计的现有网站地址，或者某个应用的设计原型。

- 我试用这些设计，像他们的用户一样在上面执行一些必要的或想要的任务，然后把一些人们可能会遇到的问题或者产生迷惑的地方记下来（进行"可用性专家评估"）。

有时候我会请一些人来试着使用它们，我在一旁观察，看他们在什么地

方困住或者迷惑不解（也就是"可用性测试"）。

- 我会安排一次和客户团队的会议，描述这些我找到的（可能会导致用户痛点的）问题（"可用性问题"），帮助他们决定哪些是最急于修复的，以确定最佳的修复方案。

有时候我们通过电话联系

有时候面对面交流

以前，我会给出一份报告（我管它们叫大部头报告），详细描述找到的问题，但是最后我发现付出这些时间和精力并没有必要。现场讲述允许人们提问，也可以看到他们所关注的地方——而书面格式的报告做不到这一点。而且对于那些进行敏捷（Agile）开发或精益（Lean）开发的团队来说，他们根本没有时间去阅读一份报告。

● 他们付给我报酬。

作为一名咨询师，我有机会接触到很多有趣的项目，同很多聪明有礼貌的人一起工作。我也有很多时候在家里工作，不必每天参加枯燥的会议，也不必面对复杂的办公室政治。我说出我所想到的，人们通常都会表示赞同，而且我得到的报酬也不菲。

最重要的是，我非常满意这样的工作，因为当一项工作结束的时候，我们面前的设计会比开始时大有改善⊖。

坏消息：你们可能并没有可用性专家

几乎每个开发团队都可能希望有一个像我这样的人，帮助他们从一开始就把产品可用性加入设计，遗憾的是，大量的开发团队没有那么多预算专门聘请一位可用性专家。

而且，哪怕他们预算足够，也没有那么多可用性专家可以请。根据最新统计，世界上有数十亿的网站（iPhone 上另外还有数十亿的应用⊖），而全世界的可用性咨询师只有一万名！

而且，哪怕你们团队里确实有一名可用性专家，他也未必能照顾到团队开发的每个角落。

最近几年，让产品 / 设计更可用成为几乎每一个人的责任。现在，视觉设计师和开发人员常常发现他们在担任类似交互设计（决定用户点击鼠标 / 触摸 / 滑动之后的后续反应）或者信息架构（确定信息的组织方式）之类的工作。

⊖ 几乎屡屡如此。哪怕在那些人们知道了可用性问题，却无法完全修复的时候也一样，关于这一点我会在第 9 章进一步解释。

⊖ 我不太清楚为什么苹果公司在这一点上要夸大其词。在一个平台上，有数以千计的好应用确实是一件好事，而陈旧的应用太多（数百万）只能说明一个问题：要从中找到那些好的应用会很困难。

我写这本书，是为了帮助这些无法雇用（或短期聘请）可用性咨询师（例如我）的人。

了解一些可用性原则能让你们自己看到那些问题，并帮助你们从一开始就避免引入这些问题。

没问题：如果你们预算充足，尽管去请一位像我这样的可用性专家。但是如果你不能去请某个人，我希望这本书能帮助你自行完成可用性的工作（可以利用丰富的业余时间）。

好消息：这并不难（又不是 rocket surgery）

好消息是，我所做的大部分都是常识性的工作，其他人只要有兴趣也可以学习。

当然，也像很多常识一样，如果没有人明确指出来[⊖]，它们并不会显而易见。

我花了很多时间来告诉人们那些他们早就知道的道理，所以，如果你发现书里讲的很多地方"我早就知道了"，不要太吃惊。

⊖ 这也是为什么我的咨询业务叫作超级常识（Advanced Common Sense）的原因，"It's not rocket surgery"（rocket surgery 是 "rocket science" 和 "brain surgery" 两个词拼凑出来的，意思是"某种不存在的超级复杂高精尖的技术"）是我公司的座右铭。

是的，这是一本薄薄的小册子

更多的好消息：我花了很多心思来保证这本书短小精练——有望精练到你能在飞机上把它读完，这么做有两个原因：

- **如果它很薄，就更有可能用得到。**这本书是为那些前线人员写的——设计师、开发人员、网站制作人、项目经理、市场人员、某个在支票上签名的人，以及那些一个人负责完成所有工作的人。

可用性不是你的终身工作，你也没有时间看一本很厚的书。

- **你不需要面面俱到。**在任何一个领域，都有很多你能学习的可用性知识，但是，除非你是一名可用性专家，那么掌握到一定程度就够了。

我发现，我对每个项目所做的最有价值的贡献往往来自牢记一些关键的可用性原则。那么，让大部分人理解这些原则，比再列一份可以做/不可以做的清单会更有用。我已经把我认为每个人在建立网站时会涉及的问题都浓缩在本书中了。

现在暂未提供的内容

为了不让你们浪费时间在书中寻找，以下是本书并不包括的几项内容：

⊖ 这里有一条很好的可用性原则：某个东西越需要投入大量时间，或者看起来会这样，它将来就会用得越少。

⊖ 我一直很喜欢《血字的研究》中那一段，当华生得知福尔摩斯并不知道地球围绕太阳旋转时，他很震惊。福尔摩斯解释说，因为人的大脑容量有限，他不能让这些没用的知识占据那些有用知识的位置："有什么关系呢？你说我们在围着太阳转，就算我们是在围着月亮转，这对我的工作也不会有半个子儿的影响。"

- **关于可用性的真理和快速定律。**我关注这一点已经很长时间了，长到已经知道，对于大部分可用性问题，没有什么永远"正确"的答案。设计是一个复杂的过程，对人们提出的很多问题，真正的答案是"看情况（It depends）"。但我仍然认为有几条有用的指导原则值得记在心里，那就是我在书中将要讲述的。

- **对 Web 和技术将来的预言。**说实在的，你的预测能力不会比我差。我只能肯定这两点：1）我所听到的大部分预言几乎是完全错误的；2）预言中真正重要的那些往往会让我们觉得意外，哪怕它们在事后看起来相当明显。

- **对不良设计的批评。**如果你喜欢取笑网站的错误，那么这本书并不适合你。设计、建立和维护一个好网站或一个好的应用一点儿都不容易，就像打高尔夫球一样：有少数几种方法可以把球打进洞里，但还有数不清的方法打不进去。只要能达到一半的成功率，我就很崇拜你了。

因此，你会发现，我在例子中提到的网站都非常棒，问题很少，因为我觉得你们可以从好的网站中学到更多。

现在又加入了移动

在更新这本书的时候，我面临着一个进退两难的局面：它一直是一本关于如何设计让网站可用的书。尽管这些原则也同样适用于人们需要与之交互的任何东西（包括选票和投票站的设计，甚至包括讲演和演示的设计），但本书的重点一直放在网站设计上，所有的示例也都来自各个网站。在此之前，网站一直是大多数人的重点战场。

但是现在，很多人已经转到了移动应用，甚至那些以前只需要设计网站的人们，也不得不开始创建可以在移动设备上友好访问的版本。我知道他们对移动设计上的可用性很感兴趣。

因此我做了三件事：

- 在书中加入了移动应用的例子，它们可能出现在任何能说明问题的地方。

- 增加了一个全新的章节，来讲述一些专门针对移动设计的可用性问题。

你们也能看到，有些地方，为了表述得更加清楚，我会把以前的"网站"改成"网站或移动应用"。不过在绝大多数地方，我的用词还是以网站为中心，以避免累赘和分散注意力。

开始之前的最后一件事

实际上是一件很关键的事：我对可用性的定义。

对于可用性，你可以找到很多不同的定义，经常可以分解成以下几个方面：

- **有用**：能否帮助人们完成一些必需的事务？

- **可学习**：人们能否明白如何使用它？

- **可记忆**：人们每次使用的时候，是否都需要重新学习？

- **有效**：它们能完成任务吗？

- **高效**：它们是否只需花费适当的时间和努力就能完成任务？

- **合乎期望**：是人们想要的吗？

最近，甚至又有了：

- **令人愉悦**：人们使用的时候觉得有意思甚至很好玩吗？

我会在后面讲到这些。不过对于我来说，关于可用性，最重要的方面其实非常简单。如果说一个东西可用——不管是网站、遥控器，还是旋转门——它的意思是：

让一个有着平均能力和经验的人（甚至稍低于平均水平）能明白如何使用它——不

必付出过度的努力，或者遇到不必要的麻烦。

用我的话说：就是这么简单。

我希望这本书会帮助你创造出更好的产品，还有——如果它能帮你跳过一些设计上无休无止的争议——你还能偶尔准时回家吃个晚饭。

目　　录

指 导 原 则

第 1 章

别让我思考

Krug 可用性第一定律

Michael，窗帘怎么打开了？

——Kay Corleone，《教父 II》

人们经常问我："如果我想保证网站或应用容易使用，那么最重要的是什么？"

答案很简单，既不是"重要的内容要放在两次点击之内"，也不是"采用用户的语言"，甚至也不是"保持一致"。

而是……

别让我思考

多年以来，我一直在跟人们说，这是我的可用性第一定律。

这是最重要的原则——它是在设计中判别什么有用什么没用的终极法则。如果你只能记住一条可用性原则，那么请记住这一条。

它意味着，设计者应该尽量做到，当我看一个页面时，它应该是不言而喻、一目了然、自我解释的。

我应该能"明白它"——它是什么意思，怎样用它——而不需要进行额外的思考。

不过，我们说的到底有多不言而喻？

呃，充分的不言而喻，就好像你隔壁的邻居，她对你的网站主题毫无兴趣，也几乎不知道使用后退按钮，但她仍然可以看一眼你的主页，然后说，"噢，这是_____。"（如果运气好的话，她会说："噢，这是_____。真是太好了！"当然，这是另外一回事了。）

这样来看：

当我看到一个不需要思考的网页时，脑袋里面浮现的会是："嗯，这是_____，那是_____，我想要的东西在这里。"

不用思考

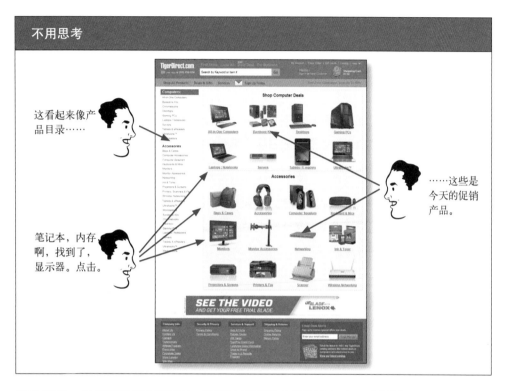

当我看到一个需要思考的网页时，脑海中浮现的东西都会加上一个问号：

需要思考

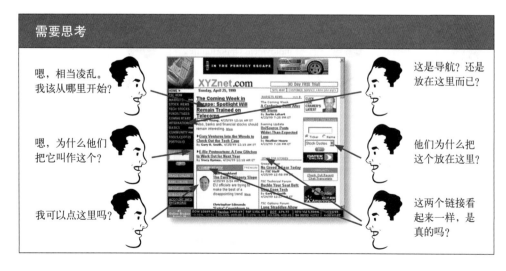

创建一个网站的时候，你要做的就是去掉这些问号。

强迫我们思考的地方

网页上每项内容都有可能迫使我们停下来，进行不必要的思考。例如，命名。典型的罪魁祸首是那些很酷或者自以为很聪明的名字，带有营销倾向的名字，和具体公司有关的名字以及生僻的技术名词。

例如，假设一位朋友告诉我 XYZ 公司正在招聘，我刚好符合他们的要求，因此我直奔该公司的网站。当我扫描页面，准备点击相关内容时，他们选择的公布职位部分所用的名称不同将产生不同的效果。

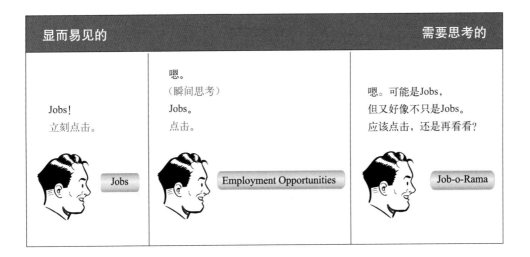

注意，类似这样的情况一般介于"对每个人都显而易见"和"完全模糊不清"之间，往往需要权衡。

例如，"Jobs"（职位招聘）可能对 XYZ 公司来说显得太不正式，或者之所以他们采用了"Job-o-Rama"，是因为一些复杂的国际化策略，又或者那是他们公司电子简报中常用的名词[⊖]。我的观点是，权衡应该更倾向于"显而易见"而不是需要额外的思考。

另一个不必要的问号来源是那些看起来不太明显的链接和按钮。作为一个用户，永远不该让我花时间去思考某个东西是否能点击。

你可能会这么想，"其实，也没有这么麻烦，如果点击或者触碰了它之后没什么反应（不就知道了），这样做有多大问题？"

问题是，当我们访问 Web 的时候，每个问号都会加重我们的认知负担，把我们的注意力从要完成的任务上拉开。这种干扰也许很轻微，但它们会累积起来，尤其是如果总把时间花在决定什么地方能点什么地方不能点。

况且，通常，人们不喜欢苦苦思索背后的原理。有些时候，他们喜欢动脑筋——在他们娱乐的时候、释放压力的时候，或者想要挑战自己的时候——但不是在想弄明白干洗店什么时候打烊的时候。是那些建造网站的人没有让它们明白易懂（而且容易使用），这会让我们对这个网站以及网站的发布者失去信心。

⊖　在每个可用性问题的背后，通常都有一个貌似合理的根据，以及一个良好的，但是错误的意图。

再来看一个常见的任务：航班预订。

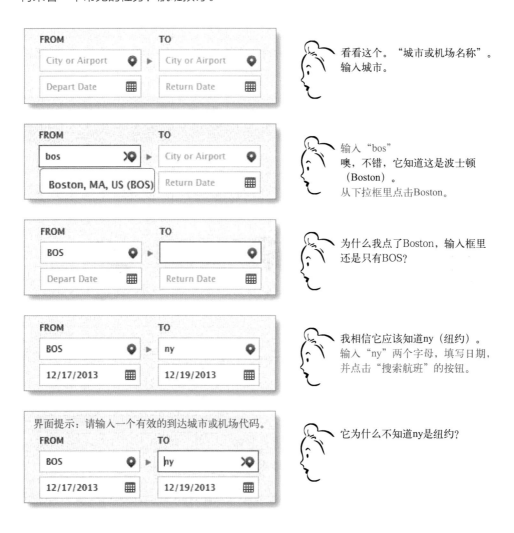

看看这个。"城市或机场名称"。输入城市。

输入 "bos"
噢，不错，它知道这是波士顿（Boston）。
从下拉框里点击Boston。

为什么我点了Boston，输入框里还是只有BOS?

我相信它应该知道ny（纽约）。
输入 "ny" 两个字母，填写日期，并点击"搜索航班"的按钮。

它为什么不知道ny是纽约?

当然，大部分这类的心理活动发生在一瞬间，但是你也看到了，这个过程实在很烦人，产生了很多问号。而且最后还产生了一个令人迷惑不解的错误。

另一个网站没有这么花哨，只是采纳了我的输入，然后给出一些有意义的选择，因此在这里很难出错。

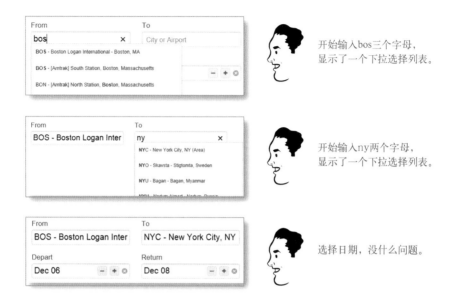

开始输入bos三个字母，
显示了一个下拉选择列表。

开始输入ny两个字母，
显示了一个下拉选择列表。

选择日期，没什么问题。

这次，没有产生问号。没有心理活动。没有出错。

- 我能列出一大堆访问者在网站不应该多花时间思考的事，例如：

- 我在什么位置？

- 我该从哪里开始？

- 他们把 ×× 放在什么地方了？

- 这个页面上最重要的是什么？

- 为什么他们把它叫这个？

- 这是广告还是网站的内容？

但是，其实你并不需要再列一份检查清单，附加到你的 Web 设计检查清单里。最重要的是理解去掉问号的基本原则，如果你理解了这个，就会开始注意到网页和移动应用上所有让你思考的东西，最后，你将学会如何识别并在你自己建立网站或移动应用的时候避免它们。

如果你做不到让一切都不言而喻

你的目标应该是让每一个页面或屏幕都不言而喻，这样的话，普通用户[⊖]只要看它一眼就知道是什么内容，知道怎么用它。换句话说，他们不需要思考就能明白。

不过，有时候，特别是你在进行一些崭新的、开拓性的，或者非常复杂的页面设计时，也许只能做到"自我解释"。在一个自我解释的页面，需要花一点点时间去理解——但只需要一点点时间。页面元素的外观（例如尺寸、颜色和布局），精心选择的命名，少量仔细斟酌的文字，它们综合在一起将创造出一种接近瞬间的识别效果。

这里有一条原则：如果你不能做到让一个页面不言而喻，那么至少应该让它自我解释。

为什么它这么重要

说来也奇怪，并不是因为你通常听到的理由：

在互联网上，竞争有时就在于一个点击的差别，因此如果你得罪了用户，他们会跑到别的地方去。

确实，市场竞争非常激烈，特别是在移动应用之间，我们已经有了那么多现成的（同时

⊖　真正的普通用户密封在日内瓦国际标准组织的拱顶上。我们会在后面讲述如何更好地看待"普通用户"。译者注：实际上，日内瓦国际标准组织有一个一米的标准长度器具，而没有所谓的"普通用户"，这里是作者开的一个玩笑，意思是，实际上不存在一个标准的"普通用户"。

也富有吸引力的）候选应用，而换一种选择的代价实在微不足道（只需要 99 美分，甚至完全"免费"）。

但是其实用户也不总是这么浮躁，例如：

- 如果没有其他选择，他们可能没有办法，只能坚持用下去（例如，公司的内部网、银行的移动客户端，或者只有这家网站出售他们想要的某种特定商品）。

- 你可能会很惊讶地看到，有些人会在一个折磨他们的网站坚持很久。有很多人在网站遇到问题时，会认为是他们自己的错，而不会责怪网站。就像这种现象："为了这辆车我已经等了十分钟，所以也许应该再多等一会儿"。

- 还有，谁能说竞争对手又会好多少呢？

那么，到底是为什么呢

让页面或屏幕不言而喻就像把商店布置得光线良好：这样会让所有商品看起来更美好。访问一个不需思考的网站让人觉得毫不费劲，相反，为我们不关心的事多花心思会浪费我们的精力、热情，还有时间。

不过，正如你在下一章将要看到的那样，当我们审视我们实际上如何使用网络时，为什么不要让用户思考的重要理由是，大多数人会花上比我们想象中少得多的时间来浏览我们设计的网页。

结果，如果要网页有效，它们必须在用户第一眼看到时，将自己展示出来，而要做到这一点，最好的方法是创建不言而喻的网页，或者至少也要做到自我解释。

第 2 章

我们实际上是如何使用 Web 的

扫描，满意即可，勉强应付

为什么东西总是在你找的最后一个地方找到？

因为你找到以后就不会再找。

——儿童谜语

我一直在花费大量的时间观察人们如何使用网络，而最让我震惊的是，在我们想象的用户使用网站的方式和他们自己实际使用的方式之间，差别如此巨大。

当我们创建网站时，我们认为用户会盯着每个网页仔细阅读我们精心制作的文字，领会到我们的页面组织方式，然后，在确定点击哪个链接之前权衡他们的可选目标。

而大部分时间里，他们实际上做的（如果我们幸运的话）是在每个页面上瞥一眼，扫过一些文字，点击第一个令他们感兴趣的或者大概符合他们寻找目标的链接。通常，页面上的很多部分，他们看都不看。

我们认为的"精心准备的文字"（或者至少是"产品资料"），在用户看来更像"以每小时 100 公里的速度驶过的广告牌"。

我们这样设计……

阅读

阅读

阅读

阅读

[停下来思考]

最后点击一个小心选择的链接

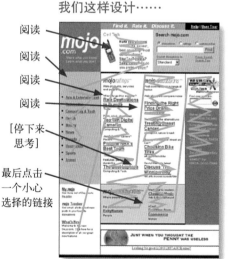

事实是……

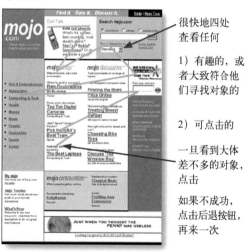

很快地四处查看任何

1）有趣的，或者大致符合他们寻找对象的

2）可点击的

一旦看到大体差不多的对象，点击

如果不成功，点击后退按钮，再来一次

你可能会想到，实际情况比这要复杂一些，并且取决于是哪种类型的网页，用户打算做什么，他当时有多忙，等等。但是这种简单的视角比我们绝大多数人的想象更接近现实。

这意味着，在设计网页的时候，我们勾勒的是一位更理性、注意力更集中的用户。这是在假定每个人都像我们一样使用网络；和其他人一样，我们常常会认为自己的行为比实际情况更有序、更理智。

如果想设计有效的网页，你必须开始接受关于网络使用情况的三个事实。

第一个事实：我们不是阅读，而是扫描

关于使用 Web，极少数几个得到证明的事实之一就是，人们会花极少的时间来阅读大部分的页面，相反，我们只是扫描一下（或者匆匆掠过），寻找能引起我们注意力的文字或词语。

当然也有例外，那就是那些新闻故事、报告，或产品描述的页面，人们会回去进行阅读。但就算是那些页面，人们也经常会在阅读和扫描之间来回切换。

我们为什么扫描？

- **我们总是任务在身**。大部分情况下，我们使用 Web 都是想完成某项任务，而且通常想要尽快完成。因此，Web 用户的行为更像鲨鱼：它们不得不一直移动，否则就会死掉。我们没有时间来阅读那些不必要的内容。

- **我们知道自己不必阅读所有内容**。在绝大多数页面上，我们实际上只对其中一小部分内容感兴趣，我们只是寻找这些感兴趣的，或者跟手头任务有关系的内容，剩下的内容我们并不关心。扫描就是我们找到相关内容的方式。

- **我们善于扫描**。这是一项基本技能：当我们学会阅读时，就已经学会了扫描。在生活中，我们一直在扫描报纸、杂志、书籍（或者你还不到 25 岁，那么可能是一直在扫描 reddit、Tumblr、Facebook）。我们所有的时间都在寻找自己感兴趣的内容，我们知道这样没问题。

这样做的实际结果就像 Gary Larson 的经典漫画《在远方》(The Far Side) 中关于我们对狗说的话和它所听到的之间的区别。在漫画里，这条叫作 Ginger 的狗看起来在很专心地听它的主人说话，它的主人很严肃地要它别去碰那些垃圾，但是在狗看来，主人说的就是"$@#%& Ginger $@#%& Ginger $@#%&"。

我们在网页上看到什么取决于我们想看到什么，不过通常只是页面上的一小部分内容。

设计师们设计的

我们看到的

我要买票。

怎样核对我的累计航空里程？

就像 Ginger 一样，我们一般会把注意力放在这样的文字和短语上：1）与手头任务有关的；2）我们当前或接下来的个人兴趣；3）我们脑海里一些根深蒂固像触发器那样的词，例如"免费"、"大减价"、"美女"，还有我们的名字。

第二个事实：我们不作最佳选择，而是满意即可

在设计页面时，我们容易假定用户会扫过整个页面，考虑所有可能的选项，然后选择一

个最好的。

然而，事实上，绝大多数时间里我们不会选择最好的，而是选择第一个过得去的，这就是满意策略（stisfice）[⊖]。一旦我们发现一个链接，看起来似乎会跳转到我们想去的地方，那就是一个我们将会点击它的大好机会。

我对这种行为已经观察了好几年，但是直到我读了 Gary Klein 的《Sources of Power: How People Make Decisions》（《力量之泉：人们如何决策》）之后，才更清楚地认识到这一行为。Klein 花了很多时间研究自然决策方法，例如消防员、飞行员、国际象棋大师、核电厂工作人员，如何在实际条件下进行高危决策，这些条件包括时间压力、模糊的目标、有限的信息和变化的环境。

Klein 的观察队伍带着广为接受的理性决策模型（面对问题时，人们会收集信息，识别可能的解决方案，然后选择其中最好的一个）开始了他们的第一次研究（火灾环境下的现场指挥官）。他们从这样的假设着手：因为高度的危险和紧迫的时间压力，火灾指挥官只能从两种可能中进行选择，这是一个他们认为相当保守的假设。

然而，结果是，火灾指挥官没有从任何可能中进行选择，他们采用了头脑中想到的第一个合理计划，然后在心里快速检查了一下可能的问题。如果发现没有什么问题，就开始行动。

那么，为什么 Web 用户不寻找最佳选择呢？

- **我们总是处于忙碌中**。正如 Klein 指出的那样，"寻找最佳策略很难，需要的时间也很长，满意策略效率更高"。

- **如果猜错了，也不会产生什么严重的后果**。不像救火，在网站上做了一次错误选择的后果通常只是点击几次后退按钮，这样也使得满意策略成为一项有效的策略。（后退按钮是 Web 浏览器中用得最多的按钮。）

⊖　经济学家 Herbert Simon 在《人的模型：社会化和理性》（Models of Man:Social and Rational, Wiley 出版，1957 年）里拼造了这个术语（satisfying 和 sufficing 的结合）。

- **对选择进行权衡并不会改善我们的机会**。在设计不佳的网站中，花费精力去做最佳选择并没有用。你还不如查看猜到的第一个页面，不行的话再退回来。

- **猜测更有意思**。猜测不会像仔细衡量那么累，而且如果猜对了，速度会更快。它还带来了一个机会因素——有可能无意中看到某个意外但不错的内容，这种可能性令人开心。

当然，这并不是说用户在点击之前从来不进行衡量，这要取决于他们脑海中的打算，时间上有多紧迫，还有，他们对这个网站的信心。

第三个事实：我们不是追根究底，而是勉强应付

只要做一点可用性测试，就会发现一件显而易见的事（不管你是测试网站、软件，还是家用电器），那就是在很大程度上人们一直在使用这些东西，但并不理解它们的运作原理，甚至对它们的工作原理有完全错误的理解。

无论面对哪种技术，很少有人会花时间阅读说明书。相反，我们贸然前进，勉强应付，编造出我们自己模棱两可的故事，来解释我们的所作所为，以及为什么这样能行得通。

我经常想起《乞丐王子》结尾处的那一幕：真正的王子发现当他不在的时候，那个长得很像的假王子会把大英帝国的国玺拿来压胡桃（这再合适不过了，对他来说，国玺可不就是一块又大又厚重的金属嘛）。

乞丐王子（插图版）

事实就是，我们就是那样完成任务的。我看到很多人完全不是以设计师设想的方式使用网络、软件、消费类电子产品，但他们用得很好。

以上网的关键工具网络浏览器为例，对于建造网站的人来说，它是一个用来浏览网页的应用，但是如果你去询问人们浏览器是什么，多得让人震惊的人会说"那是我用来搜

索……找到东西的地方"或者"那不是搜索引擎吗？"你可以自己试试，问问家人朋友
浏览器到底是什么，他们的答案可能会让你吃惊。

很多人经常上网，但他们并不知道自己在使用浏览器。他们只知道，在一个输入框里
输入点东西，然后内容就出来了⊖。但是这并不重要：他们是在勉强应付，而且他们成
功了。

还有，勉强应付并不限于初学者，甚至技术专家也会在理解事物运行原理上有着惊人的
误会。（如果马克·扎克伯格或者谢尔盖·布林在生活中也以勉强应付的方式面对某些
技术，我一点都不会吃惊。）

为什么会这样？

- **这对我们来说并不重要**。对于我们中的大多数人来说，只要我们能正常使用，是否
  明白事物背后的运行机制并没有关系。这并不是智力低下的表现，而是我们并不关
  心。总之，它对我们来说没那么重要⊖。

- **如果发现某个东西能用，我们会一直使用它**。一旦发现一个东西能用（不管有多难
  用）我们也不太会去找一种更好的方法。如果偶然发现一种更好的方法，我们会换用
  这种更好的方法，但很少会主动寻找更好的方法。

看着 Web 设计师和开发人员观察他们的第一次可用性测试经常会很有意思。第一次他
们看到一个用户点击一个完全不合适的地方时，会很吃惊（例如，当用户忽略了导航条
上一个大而显眼的"软件"按钮，而嘴里说着"嗯，我在找软件，所以我猜也许该点击
这个'便宜货'，因为便宜总是好事"）。用户可能最终找到了他要寻找的，但坐在旁边
看的人却哭笑不得。

第二次又看到这种情况，他们会大喊："点'软件'就行了！"第三次发生这种情况时，
你会看到他们在想："为什么我们弄得这么麻烦？"

⊖ 通常显示一个输入框，上面写着"Google"。很多人认为 Google 就是网络。
⊖ Web 开发人员通常难以理解（甚至难以相信）人们可能会这么想，因为他们自己通常非常关心
背后的运行机制。

这是一个很好的问题：如果人们勉强应付的时候这么多，他们有没有弄明白真的那么重要吗？答案是，很重要，因为有时候可以勉强应付，但它通常效率不高，而且容易出错。

另一方面，如果用户明白了：

- 他们更容易找到自己需要的东西，无论对用户还是对你都好。

- 他们会更容易理解网站的服务范围——不只是他们自己偶然看到的那些。

- 你更可能引导他们到网站上你更希望他们看到的地方。

- 在你的网站上，他们会觉得自己更聪明，更能把握全局，这会让他们成为老用户。只要有了一个让人们感觉更好的网站，他们就会离开这种让人勉强应付的站点了：鲤鱼脱却金钩去，摇头摆尾再不来。

如果生活给了你柠檬[⊖]

到现在，看到这些不太美好的画面（关于访问者和他们的网络使用情景）以后，你可能会想，"为什么我不在当地的 7-Eleven 便利店找份工作算了？在那里至少有人看到我付出的劳动。"

那么，到底该怎么办呢？

我想答案很简单：如果访问者的表现让你觉得你似乎在设计广告牌，那就设计出了不起的广告牌吧。

⊖　意思是如果生活让你觉得不如意。——译者注

第 3 章

广告牌设计 101 法则

为扫描设计，不为阅读设计

如果你 / 不知道 / 这是 / 谁的标志

你开得 / 还不够远 /Burma-Shave

一种剃须膏的广告牌顺序，1935 年左右

如果用户们都是疾驰而过，那么，下面有几个重要方面你要注意，保证他们尽可能地看到了——并理解了你的网站：

- 尽量利用习惯用法

- 建立有效的视觉层次

- 把页面划分成明确定义的区域

- 明显标识可以点击的地方

- 最小化干扰

- 为内容创建清楚的格式，以便扫描

习惯用法是你的好帮手

任何东西，要让人能瞬间理解，一种最好的方法就是遵循习惯和惯例——那些已经广为采纳或者已经标准化了的设计模式，例如：

- **停止标志**。鉴于它至关重要，司机们需要快速看到和识别这个标记，有时候是瞥一眼，有时候是从很远的地方，有时候处在恶劣的天气和光线条件下，那么，让所有的停止标志看起来一模一样是一件好事。（在细节上可能每个国家都不一样，不过总的来说，它们在全世界范围内都惊人的一致）。

停止标志的设计标准包括独特的外观（八边形）、表示停止的文字、鲜明的颜色（可以和周围绝大多数天然环境形成高度对比），还有标准化的尺寸、高度和安放位置。

- **车内的控制装置**。想想，如果你租了一辆车，试驾的时候发现它的油门不是在刹车踏板右边，或者喇叭没有在方向盘的中间，情况会怎么样？

在过去的 20 年里，已经进化出了很多网页设计的习惯用法。作为用户，我们现在已经在很大程度上对下面几点充满了期待：

- **页面上的什么内容在什么位置**。例如，用户通常会期望标志性的站点图标（Logo）出现在左上角（至少在那些阅读方向从左到右的国家如此），网站的主导航横跨在页面顶部或者纵向放置在页面左边。

- **服务将如何运作**。例如，几乎所有的购物网站都会提供购物车，也都会使用一系列类似的表单让你填写一些细节，如支付方式、配送地址等。

- **视觉元素的外观**。很多视觉元素都会有标准化的外观，例如表示视频链接的图标、搜索图标、社交网站的分享方式等。

不同的网站也演化出了各种不同的习惯用法——电子商务、大学、博客、餐馆、电影，以及其他很多网站，因为这些相同类别的网站都需要解决相同的问题。

这些习惯用法都不是凭空出现的：它们都是从某个人灵光一现的想法开始，如果这个想法相当不错，其他站点就会模仿它，最终，有足够多的人在足够多的地方见到它，让它变得不言而喻。

cityislandmovie.com

SomeSlightlyIrregular.com

如果应用良好，Web 习惯用法会给用户带来很大方便，因为他们在访问不同的网站时，不需要付出额外的努力来得出背后的运行原理。

想要点证据来证明习惯用法确实有用？看看这个页面，看你能知道多少——就算一个字都不认识也没关系，因为它遵循了一部分习惯用法。

不过，习惯用法也有一个问题。那就是：设计师们经常不想利用它们。

与使用习惯用法相比，设计师们会面临着极大的诱惑，想要重新发明轮子，很大程度上，是因为他们觉得（这样觉得并没有错）网站是请他们来做一些崭新的、与众不同的设计，而不是套用那些固有的东西。（更不用说，来自同行们的赞扬，各种奖励和高级职位很少会因为"习惯用法用得最好"而获得。）

有时候，用在重新发明轮子上的时间足以制造一种全新的滚动设备，但有时候，这只会让用在重新发明轮子上的时间又增加了而已。

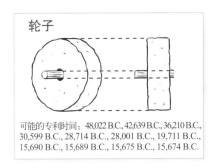

如果准备创新，那么必须理解你想要取代的设计的价值（参考迪伦说过的，"如果不要法律，你就必须诚实"），而且人们也很容易低估习惯用法的价值。最经典的例子就是自定义滚动条。无论什么时候，设计师打算从头开始自己创建滚动条的时候（通常是为了好看），结果往往如出一辙，他们从来没想过，只是为了做出一个标准操作系统的滚动条升级版本，就需要花费成百上千个小时进行微调。

如果不打算使用一种已有的 Web 习惯用法，你必须确认你在使用一种：1）同样清楚，同样不言而喻，没有学习曲线的方法——这样就跟习惯用法一样好了；2）带来很大的价值，因此值得用户付出一点努力来学习的方法。

我的推荐：在你清楚自己有一个更好的想法时进行创新，如果没有，那么请尽量利用习惯用法。

别误会：我没有任何打击创新的意思。对于原创的、有新意的 Web 设计，我再欣赏不过了。

这方面我最喜欢的一个例子是 Harlem.org。整个网站是以 Art Kane 那张著名的 57 位爵士音乐家的合影建成的，这张照片于 1957 年在纽约哈莱姆区褐沙石台阶上拍摄。它的导航系统不是基于文本链接，也不是菜单，而是这张照片。

在这张照片上任意地方进行点击　　选择一位音乐家　　点击，进入他们的传记页面

这样的设计不但新颖好玩，而且很容易理解和使用。何况，这些创建者们还非常聪明，知道这种新鲜劲儿可能会很快过去，所以他们还提供了一份传统的基于分类的导航系统。

通常来说，就是你可以（也应该）尽可能地富有创造性，进行创新，尽可能进行美化，让设计富有吸引力，不过别忘了，你要确定它仍然可用。

最后，关于一致性，还有一点要说的。

经常有人说，一致性绝对是好事。很多时候，出现设计争论的时候，人们只要说一句"我们不能那么做，那样会破坏一致性"，他们就赢了。

你也可以通过名字、乐器、爵士类型来浏览这些音乐家。

在网站或应用内部保持良好的一致性往往是件好事，例如，如果导航总是在固定的位置，我们就不用去思考，或者浪费时间寻找。不过有些时候，稍稍打破一致性，可以获得更清楚的效果。

这里有一条要记住的原则：

　　简洁胜过一致

如果能通过在某种程度上打破一致性，而得到高度简洁清楚的效果，那么果断选择简洁。

建立有效的视觉层次

让页面在一瞬间明白易懂的一个好办法是确保页面上所有内容的外观（所有的视觉线索）能准确地表述内容之间的关系：哪些是最重要的，哪些是类似的，哪些是另一些的组成部分，换句话说，每个页面都应该有清楚的视觉层次。

一个视觉层次清楚的页面有三个特点：

- **越重要的部分越突出**。例如，最重要的标题要么字体更大、更粗，颜色更特别，旁边留有更多空白，要么更接近页面的顶部——或者，以上几点的综合。

- **逻辑上相关的部分也在视觉上相关**。例如，可以把相近的内容分成一组，放在同一个标题之下，采用类似的显示样式，或者把它们全部放在一个定义明确的区域之内。

- **逻辑上包含的部分在视觉上进行嵌套**。例如，一个分类的标题（"计算机书籍"）出现在某本具体书籍标题的上面，在视觉上包括书籍区域，因为具体书籍属于这个标题，而且接下来，书籍的标题也要横向覆盖描述这本书的元素。

对于视觉层次，没有什么特别的，例如，在我们开始阅读之前，每张报纸都用突出、分组和嵌套为我们提供关于报纸内容的有用信息。**这张**图片和**这个**新闻故事是一起的，因为它们位于同一个标题的覆盖范围之下。**这个**新闻故事最重要，因为它采用了最大的标题、最宽的栏目，并占用页面上最突出的位置。

这四列位于同一个标题之下，明确表示它们是同一个新闻故事的组成部分

这个标题的字体大小让人一眼就能看出它是最重要的新闻故事

我们每天都会对视觉层次进行分解——不管是在网络上还是在报纸上，但是这种分解发生得太快了，因此我们经常只有在不能这么做的时候才能模模糊糊地感觉到它——也就是，当这些可视信息线索（或可视信息线索的缺乏）迫使我们思考的时候。

好的可视层次通过预先处理页面，用一种我们能快速理解的方式对页面的内容进行组织和区分优先级，减少了我们的工作。

但是，如果一个页面没有清楚的视觉层次——例如，如果所有内容看起来都一样重要——我们将降低扫描页面的速度，寻找关键的文字和短语，然后努力拼凑出我们感觉重要的内容和内容的组织方式。这样就增加了很多工作。

分解一个在视觉层次上有问题的页面——例如，一个标题涵盖了不属于它的内容——就像读一个病句一样（"比尔把猫在桌上放了一会儿，因为它有点摇摇晃晃"）。

即使我们通常能猜出这个句子的意思，但它还是让我们花了一点时间，迫使我们不得不进行一些不必要的思考。

有问题的视觉层次结构，暗示站点的这些类别都属于计算机书籍

把标题放到合适的地方，让页面元素之间的关系更加清楚

把页面划分成明确定义的区域

理想情况下，用户应该能在任何良好设计的网页上玩 Dick Clark 的 25 000 美元金字塔游戏⊖。在网页上四处扫视之后，他们应该能指着页面上的不同区域说出："这是我在这个网站能进行的活动"，"这是到今日头条的链接"，"这是这个公司销售的产品"，"他们正在向我推销的东西"，"到网站其他部分的导航"。

把页面划分成明确定义的区域很重要，因为这可以让用户很快决定关注页面的哪些区域，或者放心地跳过哪些区域。对网页扫描所进行的几项初始眼动研究表明，用户很快就会确定页面哪些部分包含有用信息，然后对其他部分看都不看——就像他们根本不曾来过一样。（其中，广告盲点（Banner Blindness）——用户发展出的一种能力，可以完全忽略那些他们认为包含广告的区域，就是一个非常极端的例子。）

⊖　给定"水管工人用品"的类别，游戏的一方将提供"扳手、切管机、防脱落裤子……"来让对方猜出这个类别。

明显标识可以点击的地方

因为人们在网络上所做的大多数事情就是找到下一个地方点击，那么明确地标识哪些地方可以点击，哪些地方不能点击，这很重要。

扫描页面的时候，我们会寻找各种视觉线索，看哪些地方可以点击（如果是触摸屏，就是哪些地方可以触碰），例如某种形状（按钮、选择卡等等），某些位置（菜单条之类的），以及某些格式（例如文字颜色、下划线等）[⊖]。

查看事物的外观，去寻找如何使用它们的线索，这个过程并不限于网络。正如 Don Norman 先生在最近更新的可用性经典书籍《The Design of Everyday Things》（《日常事物设计心理学》）中开心地跟我们解释的那样，我们其实一直在解析我们的环境（例如，门把手）来寻找这些线索（来决定到底是拉还是推），去看看吧。看了这本书以后，你再也不会用以前的方式来看待门把手了。

从一开始，容易识别网页上哪些地方可以点击就时不时地作为问题浮出水面。

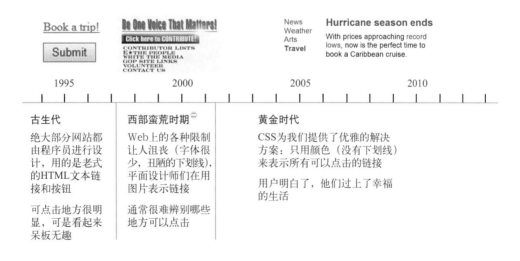

⊖ 人们也会依赖网页上的鼠标光标遇到链接会从箭头变成小手这个特点，不过这样需要故意把鼠标挪来挪去，效率不高。而且，在触摸屏上不能这么做，因为没有鼠标光标。

⊖ 美国西部拓荒时期。——译者注

当然，现在它又回来了，变成了移动设计上的一个问题，我们会在第 10 章进一步讨论。

总体来说，如果能坚持只用一种字体颜色来表示文字链接，或者能确定它们的外观和位置可以识别它们是可以点击的，那就没事了。不要犯那些低级错误就可以了，例如使用同一种颜色表示文字链接和不可点击的标题。

降低视觉噪声

让页面不易理解的一个最大原因是视觉噪声。

用户对复杂度和干扰的容忍度不一样，一些人不在乎眼花缭乱的页面和背景噪声，但很多人在乎。甚至有人发现用户会用即时贴贴在他们的屏幕上，就是为了在阅读时避免动画干扰他们的注意力。

实际上有三类视觉噪声：

- **眼花缭乱**。如果页面上所有的内容都在嚷嚷着希望得到你的注意，那么效果可能适得其反：大量促销信息！一大堆惊叹号，大量不同的字体和抢眼的颜色！自动播放的幻灯片，动画，弹出窗口，更不用说还有各种层出不穷的吸引用户注意的广告新花招！

这样做的事实就是，没有什么东西会显得重要。页面眼花缭乱往往是没法决策什么内容真正重要的结果，因为那样就没法创建合适的视觉层次结构，把用户首先吸引到最重要的地方。

- **组织不当**。有些页面看起来就像被打劫过的房间一样：东西扔得乱七八糟。这是一个很明显的信号，表示设计师并没有理解使用表格来排列页面元素的重要性。

- **太过密集**。我们见过一些页面，特别是主页，它们的问题就是内容太多了。这种感觉就像你偶尔给某个网站发了一封邮件，它就把你当成可以托付终身的朋友，给你的邮箱发来不计其数的邮件，让你的邮箱完全淹没在他们的各类通知提醒中；然后，你就再也找不到真正重要的邮件了。最后，你得到了工程师们所谓的低信噪比状态：噪声很多，信息没多少，还被噪声掩盖了。

当你在设计页面的时候，这样做可能是一个好办法：先假定所有内容都是视觉噪声（也就是"有罪推定"的方法），并去除任何对页面没有帮助的内容。我们的时间和注意力都很有限，把无谓的部分通通去掉。

为文本设置格式，以便扫描

很多时间，或者说绝大部分时间，用户都在你的网页上扫描文本，想要找到一些东西。

而你的文本格式可以帮助他们，让他们扫描起来更容易。

你更乐意扫描
哪个页面？

下面是一些最重要的方法，可以让你的页面方便扫描：

- **充分使用标题**。对于页面来说，穿插在文本中的那些仔细构思，精心制作的标题就如同非正式的大纲和内容列表一样。它们会告诉你每个部分的大意，或者，如果不是字面上的意思，它们会激起你的兴趣。不管怎样，它们可以帮你决定哪些地方需要阅读、扫描，或者直接跳过去。

一般地，你总是需要更多的标题，所以多花点时间来构思吧。

还有，别忘了给标题设置正确的格式。下面是设置标题格式时非常重要但常常忽视的两点：

如果你使用的是多级标题，那么请确认在不同级别的标题之间，有着非常明显、不可能混淆的视觉区分。可以通过让每个更高级别的标题字体更大或者给它周围留更多的空白来做到这一点。

更重要的是，不要让你的标题"浮在空中"。确定它们更靠近由它们引导的内容，而不是之前的内容。这两种方式在位置上可能只差了一点点，效果却大不一样。

- **保持段落简短**。如果段落篇幅很长，那么它们就会像 Caroline Jarrett 和 Ginny Redish 所说的那样，像一堵墙一样挡在读者面前，让读者们失去（继续阅读和扫描的）勇气。遇到长段落，读者很难记住他们已经读到的位置，而且，比起一系列短小精悍的段落来说，它们更难扫描。

可能有人告诉过你，每个段落都要包含一个中心句，一些细节句，还有一个结论句，但是网页上的段落有所不同。哪怕一段话里只有一个句子也没关系。

如果仔细查看那些长长的段落，你可能总是能找到一个合理的地方把它们分成两半。养成这种习惯。

- **使用符号列表**。这样来看：几乎任何可以变成符号列表的内容也许都应该变成符号列表。看一眼你的段落，如果有任何由逗号或分号分隔的几个项目，那就是可能的符号列表。

此外，为了优化可读性，在列表的不同项目之间，应该留出一点点额外的空白。

不好的设计　　　　　　更好的设计

- **突出关键词语**。大部分的页面扫描动作是在寻找关键字和关键短语。所以，可以把最重要的那些关键词在文本中第一次出现的地方进行加粗，让它们容易找到（如果它们已经是可以点击的文本链接，那么显然不需要再加粗了）。不过，不要突出显示太多的关键词，因为那样它们又被自己淹没了。

如果你确实想要学习怎样让内容更好扫描（或者说想学习关于为屏幕显示而写作的相关知识），那么，请立刻跑步前进，不要慢慢悠悠踱步，去找一台能上网的设备，订购一本 Ginny Redish 的书《Letting Go of the Words》(《消除文字》)。

如果你喜欢它，那么再订一份，送给任何你知道的作家、编辑，以及与创建数字内容有关的人。他们会在内心深深地感激你。

第 4 章

动物，植物，无机物

为什么用户喜欢无须思考的选择

点击多少次都没关系，只要
每次点击都是无须思考、明确无误的选择。

——Krug 可用性第二定律

Web 设计师们和可用性专家们多年以来一直在辩论，用户在到达目标之前点击（或触击）多少次而不会觉得有挫折感。一些站点甚至规定，到达网站的任何页面需要的点击（或触击）的次数永远不能超过指定的次数（通常是 3 次、4 次或者 5 次）。

表面上看来，"到达任何地方的点击次数"像一条有用的准则。但是随着时间的流逝，我开始觉得真正的问题不是到达目标之前要耗费的点击次数（当然这里也确实有个限度），而是每次点击有多"艰难"——需要多少思考，还有多大的不确定性来判断自己是否在进行正确的选择。

总的来说，我想这样说是没问题的，那就是用户不介意有多少次点击，只要每次点击都是毫不费力的，并且能让用户坚信自己的选择正确——符合 Jared Spool 所谓的"信息的味道"[⊖]。那些明确无误的链接会散发一种强烈的味道，让用户确认点击它们会更接近"猎物"。而模糊不清和表述不良的链接则不然。

我想，常规法则应该是类似这样的："三次无须思考、明确无误的点击相当于一次需要思考的点击。"[⊜]

文字游戏 20Q（Twenty Questions）的经典开门问题——"动物，植物，无机物?"就是一个选择时无须思考的好例子，只要你能接受这个假设：任何东西，只要不是动物也不是植物，都属于无机物，包括各种各样的东西，例如钢琴、诗歌、百科全书，等等。要正确回答这个问题，几乎完全不用思考。[⊜]

⊖ 这个术语来自 Peter Pirolli 和 Stuart Card 在 Xerox PARC 的"信息搜寻"（information foraging）研究，在这项研究里，他们在人们寻找信息（信息嗜好者们）和动物根据气味追踪猎物之间进行了对比。

⊜ 当然也有例外，如果我将不得不经常深入到站点的某一特定部分，或者，在一个 Web 应用上重复一系列的点击，又或者页面载入较慢，那么点击次数越少会越有价值。

⊜ 如果你忘了这个游戏，有一个非常不错的网上版本（http://www.20q.net），该版本由 Robin Burgener 创建，它使用了神经网络算法，效果相当不错。

不幸的是，Web 上的很多选择都没这么清楚。

例如，几年以前，当我打算购买某项产品或服务用于我的家庭办公室时（例如打印机），大部分的网站都会让我一开始就这样选择：

家用   办公室用

哪一个才是我需要的？我不得不进行思考，而且就算已经做出了决定，我也仍然不是很确信就是正确的那一个。事实上，我需要做好思想准备，当目标页面最终展现在我眼前时，我需要进行更多的思考，来确定我是不是处在正确的地方。

这种感觉，就好像我拿着一张商业回邮卡（business reply card）站在两个邮箱前，一个贴着 Stamped Mail（须贴邮票），另一个贴着 Metered Mai（免贴邮票）。他们会怎么想——要贴邮票还是不用贴？如果我投错了邮箱会怎么样？

这里还有一个例子。

我想在网站上阅读一篇文章，然后看到这样一个页面，让我进行选择：

现在我需要扫描所有的文字，来确定我是一名订阅用户而不是会员，还是已经是会员了，又或者还什么都不是。然后我还需要去仔细回想自己用过的账户或密码，又或者需要做出决定这个网站是否值得加入。

在这个时候，我考虑的问题可能已经从"我该如何进行选择？"变成了"我对这篇文章的兴趣到底有多大？"

纽约时报也提供了类似的选项，但它的设计看起来容易得多，也不会一下子就给你所有的细节，让你望而却步。进行第一步选择（登录或者查看订阅选项）会把你带到另一个页面，在那里你只会看到和你的选择相关的问题和信息。

让用户进行艰难的选择或者让他们回答很难的问题经常发生在填写表单的时候。Caroline Jarrett 在 她 的 书《Forms that Work：Designing Web Forms for Usability》（《有效的表单：为可用性设计 Web 表单》）里用了一整章（"Making Questions easy to answer"，回答问题可以很容易）的内容来讲述这个问题。

与 Ginny Redish 的书（为屏幕显示而写作的那本）一样，任何需要设计 Web 表单的人桌上都应该放着这本书，翻得越旧越好。

必要的帮助和支持

不过，生活总是错综复杂，有些选择也确实不会简单。

当你不可避免要给我一个困难的选择时，你需要用你的方式提供给我我所需要的指引和帮助——但是不要再多了。

如果是这样，这些指引将会效果最好：

● **简短**：只需要提供最少的信息来帮助我

● **及时**：放在我正好需要它的地方

● **不会错过**：设置合适的格式，保证我一定会注意到它

这方面的例子有表单字段旁边的提示，"这是什么？"的小链接，工具提示（tool tips）也属于这一类。

我个人最喜欢的这种即时提示的例子出现在伦敦的街角，到处都是。

它很简短（只有大写的"向右看"的文字提示和一个箭头），及时（正需要提醒的时候你一眼就会看到它），不会错过（当你踏出路边的时候几乎总是会往下瞥一眼）。

我觉得这样的设计肯定救了很多旅游者的命，特别是当他们以为车辆会从另一边出现的时候（至少救了我一次）。

不管你是不是需要提供某种帮助，关键是，我们在上网的时候时刻面临着各种选择，那么，让这些选择变得无须思考是让一个网站容易使用的最重要因素。

第 5 章

省略多余的文字

不要在 Web 上写作的艺术

> 去掉每个页面上一半的文字，
> 然后把剩下的文字再去掉一半。
> ——Krug 可用性第三定律

在大学学到的几样东西当中，我坚持得最长的一样——也是受益最深的——是 E.B.White 在 (《The Elements of Style》)(《风格的要素》) 一书提到的第 17 条规则：

17. 省略多余的文字

有力的文字都很简练。句子里不应该有多余的文字，段落不应该有多余的句子。同样，画上不应该有多余的线条，机器上不应该有多余的零件[⊖]。

当我浏览网页时，发现页面上的大部分文字都不过是在占地方，因为没人打算去阅读它们。但是因为它们确实在那儿，所有多余的文字都在暗示你可能真的需要阅读它们来理解到底是怎么回事，这样常常使得页面看起来难度更高了。

这条第三定律可能听起来有点过分，老实说我是故意的。去掉一半的文字是一个很现实的目标，我发现要在大部分网页上去掉一半文字而不失去原来的意义很容易。不过，"把剩下的再去掉一半"只是为了鼓励人们这么做的时候更坚定一点。

去掉没有人会看的文字有几个好处：

- 降低页面的噪声。

- 让有用的内容更加突出。

- 让页面更简短，让用户在每个页面上一眼就能看见更多的内容，而不必滚动屏幕。

并不是说 WebMD.com 上的文章或者《纽约时报》上的新闻应该比它们现在更短，实际上我说的是一些特定的文字很冗余。

⊖　William Strunk，Jr. 和 E. B. White，《风格的要素》(Allyn and Bacon 出版社，1979)。

欢迎词必须消灭

只要看到它们都明白那就是欢迎词：一段引导性的文字，可能是欢迎我们来到这个网站，告诉我们该网站有多棒，或者告诉我们刚进入的这个版面将会看到什么内容。

如果你不太确定某项内容是否为欢迎词，这里有一个屡试不爽的测试方法：在你阅读的时候仔细聆听，就能听到一个小小的声音在你耳边说着："￥%#￥%……"。

很多欢迎词就像你在那些小册子里看到的蹩脚的促销文案一样，和那些好的促销文案相比，它根本没有包括有用的信息，只在那里一个劲地说自己有多好，而不是描述什么东西能让我们感觉更好。

尽管欢迎词有时会在首页出现——通常是那种以"欢迎……"开头的段落——但它最喜欢出现的地方是网站各个版面的开头几个页面（版头，Section fronts）。既然这些页面经常是到其他页面的链接，而不包含什么实质性的内容，那么用欢迎词填充它们的主意看起来不错。不幸的是，这种效果就像书籍出版社不得不在书的目录上增加一个段落，说："这本书包含很多关于_____，_____，_____的有趣章节，希望你能喜欢"一样。

欢迎词就像闲聊——内容无所谓，主要是一种社交手段而已。但大部分的 Web 用户都没有时间闲聊，他们希望直截了当。你可以——而且应该——尽量减少欢迎词，能减多少就减多少。

指示文字必须消灭

多余文字的另一个主要来源就是指示说明。关于指示说明，你只要知道没有人会细读它们——至少在多次"勉强应付"失败之前不会，这就够了。而且，即使在这个时候，如果指示说明非常冗长，用户能发现他们所需信息的机会也很小。

你的目标应该是通过让每项内容不言而喻来完全消除指示说明，或者尽可能做到这一点。当指示文字不可避免时，也要尽量砍掉多余的部分，只留下最必要的一点点。

例如，当我点击一个网站的网站调查（Site Survey）时，会出现一整版的指示说明让我阅读：

The following questionnaire is designed to provide us with information that will help us improve the site and make it more relevant to your needs. Please select your answers from the drop-down menus and radio buttons below. The questionnaire should only take you 2-3 minutes to complete.

At the bottom of this form you can choose to leave your name, address, and telephone number. If you leave your name and number, you may be contacted in the future to participate in a survey to help us improve this site.

If you have comments or concerns that require a response please contact Customer Service.

1. How many times have you visited this site?

This is my first visit ∨

我想，做一些大胆的修剪会让它们有用得多：

之前：103 个单词

"下面的问卷用来为我们提供有助于我们改进网站的信息，并让它更贴近你的需要。"	第一句就是介绍性的欢迎词。我知道调查的目的，我需要的只有"有助于我们"这个词，让我知道他们也明白我填写这份调查表格是在为网站帮忙。
"请从下面的下拉框和单选按钮中选择你的答案。	对于大多数用户来说，不需要教他们如何填写 Web 表单，对于那些不知道什么是下拉框和单选按钮的用户也同样如此。
"填写这份问卷只需花费你两到三分钟的时间。	此时，我还在考虑是否要填写这份问卷，因此知道填写问卷无须花费太多时间是有用的信息。
"在表格的底部，你可以选择是否留下你的姓名、地址和电话号码。如果你留下了姓名和电话，将来我们可能会联系你参加一个改进站点的调查。"	这个指示说明此时对我毫无用处。它属于填完问卷之后的事。在这里，它只能让这份指示说明显得更加冗长。
"如果你有问题或意见需要回复，请联系客服。"	如果需要回复就不会使用这份表格，这个事实非常重要而且有用。不过，美中不足的是，他们没有告诉我如何联系客服——或者更好一点，给我一个链接让我现在就能跳转过去。

之后：34 个单词

请你回答以下问题来帮助我们改进网站，只要花费你两三分钟的时间。
注意：如果你有问题或意见需要回复，请不要使用本表格，麻烦你联系客服。

现在，来点完全不同的

在本书的前几章，我在介绍几条我认为你在建立网站时记住它们会很有用的指导原则。

现在我们将前往下面两章，来看这些原则如何应用到两个最大的也是最重要的 Web 设计挑战上：设计导航和主页。

你可能需要叫一份外卖当午餐。因为这两章的篇幅相当长。

必须正确处理的几个方面

第 6 章

街头指示牌和面包屑

设计导航

你会发现自己在一所漂亮的房子里，身边有一位漂亮的妻子，

然后你会问自己，咦……我是怎么来的？

——Talking Heads 乐队，"Once in a life time"

记住下面的事实：

如果在网站上找不到方向，人们不会使用你的网站。

从你自己作为 Web 用户的体会就可以知道这一点，如果到了一个网站，却找不到你要的内容，或者不知道这个网站是怎么组织的，你不太可能在那里呆很长时间——或者还会回来。那么，怎样创建那种公认"明确"、"简单"、"一致"的导航呢？

购物商场的一幕

画面：星期六下午，你前往购物商场买一把链锯。

当你踏入 Sears 商场的大门时，你会想："嗯，他们会把链锯放在哪里呢？"进入商场以后，你就开始扫描墙上各个部门的名字。（它们的字体够大，能让你在商场的任何方向看到。）

工具　　　　　　家居用品　　　　草坪和园艺用品

"嗯"，你在想，"工具？还是草坪和园艺用品呢？"既然 Sears 非常注重工具（的经营），于是你朝工具部的方向走去。

到了工具部，你开始查看每个走道尽头的指示标志。

电动工具　　　　手动工具　　　　抛光／打磨工具

到了你认为正确的走道后，你开始查看具体的产品。

如果发现自己猜错了，你会看看另一个走道，或者回到草坪和园艺用品部再来一遍。到你完成的时候，这个过程看起来如下流程图所示：

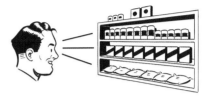

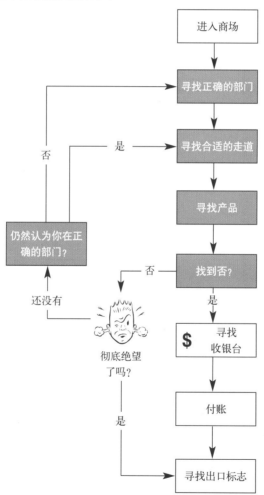

基本上，你是依靠商场的导航系统（指示标志和这些标志所包含商品的组织结构），还有你在满满当当的货架上扫描商品的能力，来找到你想要的东西。

当然，实际的过程会更复杂一点，因为，当你踏进商场大门时，可能会花一点点时间来想这个重要的问题：你打算自己去找链锯还是打算先问问别人链锯在哪里？

这个问题取决于很多因素——你有多熟悉这家商场，你有多相信他们合理组织商品的能力，你当时有多忙，甚至你的外向程度。

当我们把上述因素考虑进来以后，寻找过程如下流程图所示：

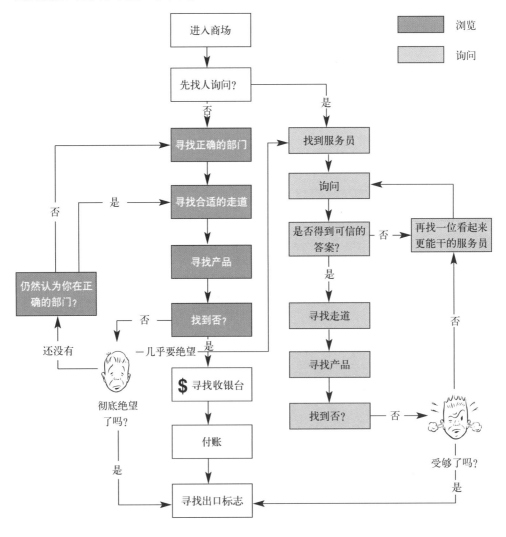

注意，就算你从自己寻找开始，如果没有成功，那么很可能最后你还是会找到某个人来询问。

网络导航 101 法则

在很多方面，当你进入站点时也遵循同样的过程。

- **你通常是为了寻找某个目标**。在"真实"世界里，可能是一间急诊室，或者一罐家庭装的番茄酱。在网上，可能是一个头戴式耳机，或者一位在电影《卡萨布兰卡》中扮演 Rick's 咖啡厅服务生领班的演员名字[⊖]。

- **你会决定先询问还是先浏览**。区别是，在网站上没有一个真人站在那儿告诉你东西在哪儿。Web 上等价的服务是搜索——在搜索框里输入一些对你要找东西的描述，然后得到一堆链接，指向目标可能处在的地方。

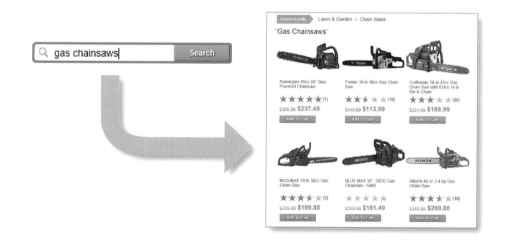

⊖ S. Z. "Cuddles" Sakall，1884 年出生于布达佩斯，原名 Eugene Sakall，有点讽刺的是，绝大部分扮演 Rick's 咖啡厅里仇恨纳粹的居民的演员实际上是一些著名的欧洲舞台和银幕演员，他们从纳粹的魔爪下逃亡来到了好莱坞。

一些人（Jacob Nielsen 把他们叫作搜索狂用户，Search-dominant users）总是一到某个网站就开始寻找搜索框。（这些人可能同样就是那些一到商场就开始向服务员询问的人。）

另一些人（Nieson 称之为链接狂用户，Link-dominant users）通常会先浏览，只会在他们久寻不到或对这个站点完全绝望的情况下才开始搜索。

对任何人来说，是先搜索还是先浏览取决于他们的打算，当时有多忙，还有网站是否有良好的导航机制。

- **如果选择浏览**，你将会通过标志的引导在层次结构中穿行。一般来说，你会在主页上四处寻找该站点的栏目清单（就像商场的部门标志），然后点击一个看起来差不多的。

然后你会从下一层栏目中再选择：

如果运气不错，再点一两下之后，你将得到一份清单，大约是你在寻找的目标。

然后你点击这些单个链接来看它们的详细资料，就像你把产品从货架上拿下来，阅读标签一样。

- **最后，如果找不到想要的东西，你会离开**。这在网站上和 Sears 商场是一样的。如果你确信他们没有你要的东西，或者你已经绝望了，不想再找了，你会离开。

这个过程如下图所示：

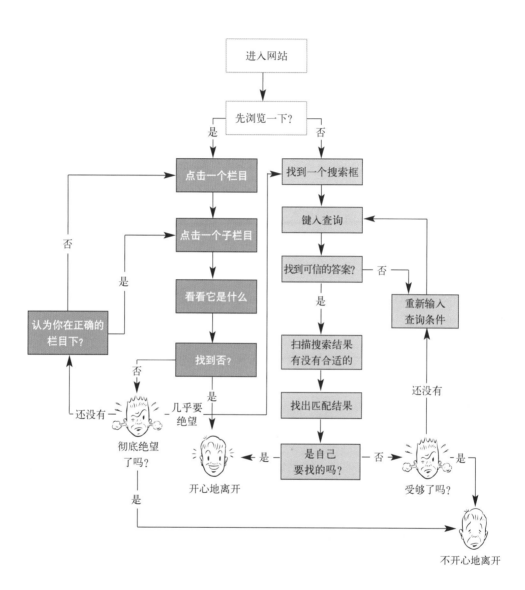

无法承受的浏览之轻

在网络上找东西和在真实世界中找东西有很多相似之处。当我们在网络上探索时，在很多方面甚至像在物理空间移动一样，想想我们用来形容这种体验的词——漫游

（Cruising）、浏览（Browsing）、冲浪（Surfing），点击一个链接不是载入（Load）或显示（Display）另一个页面——它是把你"带到"另一个页面。

但是在 Web 上的体验缺少了许多我们在生活中用来同空间相处的感觉，想想下面这些Web 空间的奇怪之处：

- **感觉不到大小**。即使在频繁使用某个网站之后，除非它特别小，否则我们很难感觉到它有多大（50 个页面？ 1 000 个页面？ 17 000 个页面？）。我们只知道，可能有很多的角落我们从未涉足过。同一本杂志，一间博物馆，或者一家百货商场相比，在那些地方你通常有个大概的"视野之内"/"视野之外"的规模估计。

实际上，你很难知道是否已经看到了这个网站上所有感兴趣的内容，因此也很难知道什么时候该停止寻找。

- **感觉不到方向**。在网站上，没有左边，也没有右边，没有上边，也没有下边，我们可能会说往上（Up），往下（Down），但我们的意思是层次结构的上一级和下一级，即更一般或更具体的层次。

- **感觉不到位置**。在物理空间里，当我们四处走动时，不断积累着对周围情况的了解，我们会知道东西的位置在哪儿，然后抄近路到达那个地方。

我们可能第一次根据指示标志到达链锯的货架，但下一次我们很可能就这样想：

　　"链锯？噢，我记得它们在哪儿，就在后面的角上，冰箱旁边。"

然后直接走过去。

　　⊖　就算是管理网站的人也对网站到底有多大所知不多。
　　⊜　这也是为什么把访问过的链接标记为另外一种颜色有用的原因，它给了我们一些已经访问了多少内容的直观感觉。

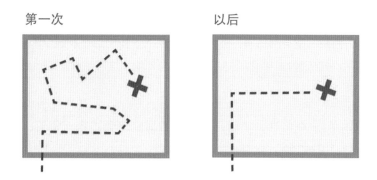

但是在 Web 上，你的双脚永远踏不到真正的地面；相反，你通过点击链接往前移动。点击"电动工具"，你将突然被送到电动工具走道而没有空间上的移动，没法瞥一眼路上都有些什么东西。

如果我们想要再次访问网站上的某个内容，不是靠一种它在哪里的物理感觉，而是记住它在概念层次上的位置，然后重新顺着以往的链接过去。

这就是书签（存储的个人捷径）如此重要的原因，也是为什么后退按钮是浏览器上用得最多的按钮的原因。

它也解释了为什么主页的概念这么重要，相对来说，主页就是一个固定的空间。当你在一个网站上，主页就像北极星，点击回到"主页"给了你一个重新开始的机会。

这种物理感觉的缺乏既是好事又是坏事。从好的方面来说，这种无重状态让人愉快，也部分解释了为什么那么容易在 Web 上忘记时间的流逝——这和我们在入神地读一本好书时一样。

另一方面，我想它解释了为什么我们使用"Web 导航"，却几乎从不谈到"百货商店导航"和"图书馆导航"。如果你在字典中查找导航这个词，它跟两件事有关：从一个地方到另一个地方，还有得知你自己当前所在的位置。

我想我们使用 Web 导航是因为，"得知你的当前位置"这个问题在 Web 上比在物理空间要严重得多。当我们置身网络时，本来就是迷路的，我们也不能通过那些走道知道我们的位置。Web 导航通过具体化网站的层次结构补偿了这种缺失的空间感，营造出某种位置的感觉。

导航不只是网站的一个特性，它就是网站，如同建筑物本身、货架、收款机就是 Sears 商场一样，没有了它，就没有了 Sears 商场。

这意味着什么？要把 Web 导航做好。

被忽视了的导航用途

导航有两个显而易见的用途：帮助我们找到想要的任何东西和告诉我们现在身在何处。

但是导航也有一些重要但却容易被忽视的功能：

- **它告诉我们这里有些什么**。通过让层次结构可视化，导航告诉我们网站上有些什么。导航体现了内容！而且，体现站点内容可能比引导我们或告诉我们位置更重要。

- **它告诉我们如何使用网站**。如果导航机制在履行它的职责，它们会含蓄地告诉你该从哪里开始，你能进行哪些选择，如果正确无误，它应该是你需要的所有指示说明。（这样很好，因为大部分用户都会忽略其他指示说明。）

- **它给了我们对网站建造者的信心**。在网站上的每一刻，我们都会在脑海里保持一个标杆："这些人知道他们在做什么吗？"这是我们用来决定是否离开，或者以后还会不会来的主要考虑因素之一。清楚、规划得当的导航是网站给人留下好印象的最好机会。

Web 导航习惯用法

物理空间，例如城市和建筑物（甚至信息空间，包括书本和杂志）都有自己的导航系统，有它们自己随着时间发展起来的习惯用法，例如街头指示牌、页码、章节标题。这些习惯用法标明了（松散地）导航元素的外观和位置，因此我们知道该寻找什么，以及在需要的时候如何找到。

把它们放在标准的位置可以让我们快速定位，不必费力，标准化它们的外观让我们更容易把它们与别的东西区分开来。

例如，我们希望能在街道转角处找到街头指示牌，希望能在往上看的角度发现它们（而不是往下看），而且，希望它们看起来就像街头指示牌（是水平的，而不是竖直的）。

我们也想当然地认为建筑物的名字应该在前门的上方或旁边，在百货商店，我们希望能在走道的尽头看见标志，在杂志上，我们知道会有一份目录出现在前几页，会有页码出现在页边的某个地方，它们看起来也会像是目录和页码的样子。

想想，如果打破了这些习惯用法，我们会有多失望（例如，当杂志不在广告页上标页码的时候）。

尽管它们的外观可能各不一样，但是对于 Web 导航来说，有一些基本的习惯用法：

现在先别看，它们就在后面

Web 设计师使用术语持久导航（Persistent Navigation）或全局导航（Global

Navigation）来表示出现在网站每个页面上的导航元素。

如果设计得当，持久导航应该（最好是用平静、令人舒服的语气）说：

> "导航部分在这里，其中一些可能会根据你所在的位置有所变化，但它总会出现在这里，也会总是以同样的方式为你服务。"

仅仅让导航部分在每一页以一致的外观出现在同样的位置，会让你立即确认自己仍然待在这个网站上——这比你想象中更加重要。而且，让它在整个网站保持一致意味着（希望如此）你只需要了解它一次。

持久导航应该包括 4 个元素，你需要一直保持这 4 个元素可见：

我们马上来分别看看它们。不过，首先来解决下面的问题。

我说的是每一页

我故意的。其实，对这个"每个地方都一样"的规则来说，有一个例外：表单。

在那些需要填写表单的页面，持久导航可能会成为不必要的干扰，例如，当我在一个电子商务站点付费时，你并不希望我去做除了填写表单之外的任何事情。同样，当我注册的时候，填写反馈的时候，或核对个人偏好的时候，也是如此。

对这些页面来说，只需要站点 ID，一个回到主页的链接，以及任何可能有助于填写表单的实用工具作为最小规模的持久导航就够了。

现在我知道我们不是在堪萨斯

网站的站点 ID 或标志（Logo）就像建筑物的名称。在 Sears 商场，我只需要在进来的路上看见它的名称就可以了，一旦进入商场，我就知道自己还待在 Sears，直到离开为止。但是在 Web 上（在这里我的移动方式主要是瞬移）我需要在每个页面上见到网站的名称。

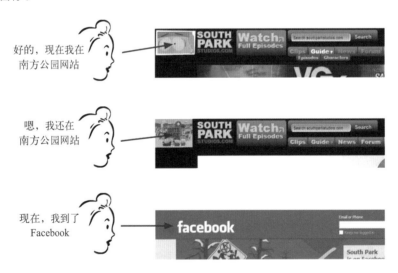

和我们希望在前门的入口处见到建筑的名字一样，我们希望在页面的上方见到站点 ID——通常在左上角[⊖]（或至少靠近左上角）。

⊖　在从左往右阅读的语言页面上，是这样的。阿拉伯语的或希伯来语的读者可能会希望站点 ID 出现在右边。

为什么呢？因为站点 ID 代表了整个网站，也就是说，它在当前站点结构上层次最高。

网站

网站的栏目

下一级栏目

下一级的子栏目，等等

本页

本页各个区域

页面元素

有两种方式让它出现在页面可视层次的首要位置：要么让它成为本页最显眼的内容，要么让它涵盖页面所有其他元素。

由于你不希望站点 ID 成为页面上最显眼的内容（在主页上时例外），那么它的最佳位置——最不可能让我思考的位置——是在上面，这样它将涵盖整个页面。

除了在我们希望它出现的位置之外，站点 ID 还需要看起来像一个站点 ID。也就是说，它应该像我们平常看到的商标标志或商场外部标志一样：一种独特的字体，一个可以识别的图形，大小从按钮到广告牌不等。

栏目

栏目（Section），有时也叫主导航条（Primary Navigation），是到达该站点主要栏目的链接，即站点层次结构的最顶层：

在大部分情况下，持久导航也会包括二级导航的显示位置：当前栏目的下一级栏目
清单。

实用工具

实用工具（Utilities）是到达网站中不属于内容层次的重要元素的链接。

这些实用工具要么能帮助我们使用站点（例如注册／登录、帮助、站点地图、购物车），
要么提供网站发布者的信息（例如关于我们、
联系我们）。

就像商场设施的标志一样，实用工具的列表应
该没有栏目那么显眼。

对于不同的网站，实用工具也会有所不同。对于公司网站或电子商务网站，它们可能包
括任何以下内容：

关于我们	下载	如何购买	注册
档案（Archives）	目录	招聘	搜索
结账	论坛	我的____	购物车
公司信息	常见问题（FAQ）	新闻	登录

联系我们	帮助	订单跟踪	站点地图
客户服务	主页	新闻稿（Press Release）	店面分布（Store Locator）
讨论板	投资者关系（Investor Relation）	隐私声明	你的账户

通常，在持久导航上只能放置 4 ～ 5 个实用工具——用户用得最多的那几个工具。如果你想把太多的工具挤到持久导航上，用户们就会在眼花缭乱中迷路。其他不常用的工具可以进行分组，并一起放在主页上。

只要跺三次脚，说："我要回家ⓔ。"

持久导航中最重要的元素之一是把我送回主页的按钮或链接。

让一个返回主页（Home）的按钮始终可见，会给我一个保证，无论我迷失到何种地步，都能重新开始，就像按一下"重启"按钮，或拿出一面免罪金牌一样。

几乎所有的用户都会期望站点 ID 同时也作为一个能让他们回到主页的按钮。另外我觉得在网站的主栏目中包含"主页"也是个很好的主意。

提供搜索

由于搜索的潜在威力，和喜欢搜索的用户比喜欢浏览的用户更多，因此除非站点规模非常小而且组织得很好，否则每个页面都应该有一个搜索框或一个到搜索页面的链接。而且，除非你的网站真的不太需要搜索，否则它应该是一个搜索框。

记住，大多数用户到达一个新站点后，第一件事就是扫描页面，看有没有下面这三种模式的搜索：

Search [　　　　　] Go　　　　[　　　　　] 🔍　　　　[　　　　　] Search

ⓔ 这里的"家"是指主页。——译者注

记住一个简单的公式：一个输入框，一个按钮，还有"Search"（搜索）两个字，别把它们弄复杂了——坚持这个公式，特别是要避免：

- **花哨的用词**。他们会寻找"搜索"两个字，因此请使用"搜索"，而不是"查找"、"快速查找"、"快速搜索"或"关键字搜索"。（如果你在输入框上用了"搜索"，那么应该使用"Go"作为按钮。）

- **指示说明**。如果你遵守这个公式，任何已经上网几天的人都知道它是做什么的，增加"输入关键字"和在你的电话留言中设置"请在哔的一声后留言"一样，这样做以前确实很有用，但现在只会让你显得很土。

- **选项**。如果存在任何混淆搜索范围（搜索什么：整个站点、部分站点，还是整个 Web？）的可能性，一定要把它们列出来。

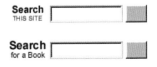

但是，在提供选项缩小搜索范围（例如，只搜索当前栏目）之前，一定要仔细考虑。要谨慎地提供选项，以便指定以何种方式搜索我们想要寻找的内容（例如，通过书名或作者搜索，或通过零件编号或产品名称搜索）。

在为持久的搜索框提供选项时，我很少发现它们值得自己费时费力，来弄明白这些选项是什么，我是否需要用到它们（也就是让我思考）。

如果你想要为我提供选项来调整搜索的范围，在它有用的时候再提供给我——当我到达搜索结果页面，发现搜索全部内容得到了太多结果的时候，此时我需要缩小搜索范围。

其次，再次，再再次

下面的情况实在太常见了，我已经习惯了：当没有和我共事过的设计师们给我发来页面草稿让我检查可用性问题时，我经常会不可避免地得到一个四层次的站点流程图，如下图所示：

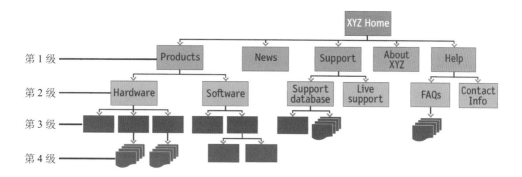

还有主页和前两层的示例页面。

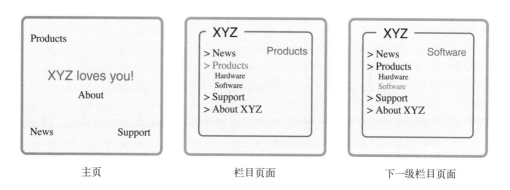

| 主页 | 栏目页面 | 下一级栏目页面 |

我不停地在其中查找，希望看到更多的样例页面，或者至少他们草草描画了一下的地方，"这里会如何如何"，但连这样的草草描画我也从来没有找到过，我想这是在 Web设计（尤其是大一些的网站）中的普遍问题：没有对低层次的导航给予足够的重视。在很多网站，一旦到了第二个层次以下，导航就会变得支离破碎，随意发挥。这个问题如此普遍，以至于实在很难找到良好的三级导航例子。

这是怎么回事？

我认为，其中一个原因是良好的多级导航本来就很难设计——页面空间有限，而且有那么多元素需要安排到页面中。

第二个原因是设计师即使在设计前两个层次时也常常感到时间不够。

第三个原因是它看起来并不重要。(毕竟,它能有多重要? 不是主导航,甚至也不是二级导航。)而且,有一种倾向认为,当人们深入到网站的这一个层次后,他们自然会明白如何操作。

提供底层的页面准备内容和层次样板的另一个问题是,就算设计师提出了请求,他们也可能拿不到,因为负责内容的人通常不会想得那么深远。

然而事实是,用户在底层页面上花的时间与顶层页面相同。除非你从一开始就从顶往下进行导航设计,否则以后很难再添加,也很难保持一致性。

这意味着什么? 在你开始讨论主页的颜色方案之前,得到显示网站所有潜在级别导航的样例页面非常重要。

页面名称,或者说为什么我喜欢在洛杉矶开车

如果你曾经到过洛杉矶,就会明白不止是歌词里那样写——洛杉矶确实是一条非常棒的高速公路。而且因为洛杉矶的人们对待驾驶的态度很认真,他们拥有我所见过最好的路牌。在洛杉矶,

- **路牌标志很大**。当你在一个十字路口停下来时,能看清楚下一个十字路口的街牌标志。

- **它们在合适的位置**。它们悬挂在你正在行驶的道路上方,所以你只要抬头看一眼就可以了。

现在,我承认我对这样的待遇着了迷,因为我住在波士顿,在这里如果你能看清楚街头指示牌同时还有时间拐弯,就要谢天谢地了。

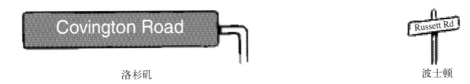

洛杉矶   波士顿

结果是什么呢？当我在洛杉矶开车时，就不必花太多的精力和注意力来担心自己身在何处，可以更多地注意交通状况，可以和车上的人谈话，听听 NPR 的时事纵观（All things Considered）。我喜欢在洛杉矶开车。

页面名称就是 Web 上的路牌。就像路牌一样，如果一切顺利，我可能根本不会注意到页面名称，但一旦我觉得自己可能方向不对时，就需要毫不费劲地看到页面名称来获得方向。

关于页面名称，需要注意以下 4 点：

● **每个页面都需要一个名称**。就像每个拐角都应该有一个路牌一样，每个页面应该有一个名称。

设计师们有时会想，"嗯，我们已经在导航中突出显示了页面名称，那就够了。"这种想法很让人心动，因为它可以节约页面空间，在页面布局上可以少放置一个元素，但这还不够。你还是需要一个页面名称。

● **页面名称需要出现在合适的位置**。在页面的可视层次上，页面名称应该出现在涵盖该页内容的位置。（毕竟，这就是页面的名字，不是导航或者广告，那些是基础设施。）

- **名称要引人注目**。你需要结合位置、字体大小、颜色和留白来体现出"这就是整个页面的标题"。在大多数情况下，它应是该页面最大的文字。

- **名称要和点击的链接一致**。尽管几乎没有人注意到，其实每个站点和访问者之间都会有一份隐含的约定：

  页面的名称将和我点击并来到这里的链接相匹配。

换句话说，如果我点击了一个名为"热土豆泥"的按钮，网站应把我带到一个名称为"热土豆泥"的页面。

这看起来有些琐碎，但实际上是很关键的约定。一旦网站违反这些约定，我都不得不思考，哪怕只需要几微秒的时间："为什么这两个不一样？"如果这两者之间差别很大，或者差别不大但名称不一致的地方很多，那么我对网站——还有网站发布者的能力——的信任感就会降低。

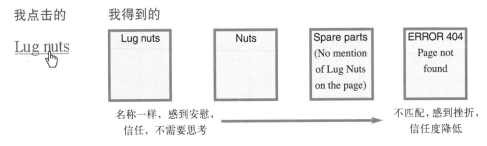

当然，有时候因为受到空间的限制，你需要折中。如果我点击的文字和页面名称并不完全匹配，那也要保证：1）它们尽可能匹配；2）不匹配的原因很明显。例如，在 Gap.com 网站上，如果我点击按钮"给他的礼物"或"给她的礼物"，我得到的页面是"给男人的礼物"和"给女人的礼物"，这些文字并不相同，但感觉上它们很相近，因此我不必去思考其中的差异。

"你在这里"

要抵消网络固有的迷失感，其中一种导航方式是告诉我当前在什么位置，这和购物商场或者国家公园地图上的"你在这里"指示器作用一样。

在 Web 上，这可以用突出我当前的位置来做到，不管是在页面的导航条、列表还是在菜单上。

在这个例子中，当前的栏目（卧室）和下一级的栏目（照明）同时有所标记。有很多办法标记当前的位置：

在旁边放置一个指示器	改变文字的颜色	使用粗体	按钮反白	改变按钮的颜色
Sports **Business** ▸**Entertainment** **Politics**	**Sports** **Business** *Entertainment* **Politics**	Sports Business **Entertainment** Politics	**Sports** **Business** Entertainment **Politics**	Sports Business Entertainment Politics

"你在这里"指示器最常见的失败之处是它们太不明显。它们需要突出显示出来，如果

不这样，就失去了作为视觉线索的价值，而只是为页面添加了噪声。保证它们突出的一种方式是采用不止一种视觉区别——例如，使用不同的颜色并加上粗体。

视觉线索太过模糊是很常见的问题。设计师们喜欢模糊不清的线索，因为模糊不清是复杂设计的特点。但是 Web 用户通常都急急忙忙，经常看不到模糊的线索。

总之，如果你是一位设计师，你认为某个视觉线索已经像伸出的大拇指那么突出了，那么这很可能意味着你还要让它再加倍突出。

面包屑

和"你在这里"指示器一样，面包屑（层级菜单）也可以告诉你当前的位置。

它们叫作面包屑是因为它们让人想起 Hansel 扔在森林里的面包屑踪迹，因为这样他和 Gretel 能找到回家的路[⊖]。

　　⊖　在原故事里，Hansel 和 Gretel 的继母说服他们的父亲在收成不好的时候把他们丢到森林里，这样的话其他人就不必挨饿。聪明的 Hansel 起了疑心，他扔了很多小鹅卵石在路上并沿着它们又回了家，打破了这个阴谋。然而第二次（！）Hansel 被迫使用面包屑，事实证明这不太合适，因为鸟会在他们找回来之前把面包屑吃掉。最终这个故事发展到了意图吃人、大宗盗窃和杀人等情节，但基本上，它是一个讲述被丢弃如何悲惨的故事。

面包屑会告诉你从主页到当前位置的轨迹，并能让你在网站中更加容易地回到更高层次的内容。

很长时间以来，面包屑有点古怪，也只会在那些真正拥有庞大数据库，且具有复杂层次结构的网站看得到，但是现在它们出现在越来越多的网站，有时也会出现在精心设计的导航系统之中。

如果设计得好，面包屑是不言而喻的，而且，它们不会占用太多空间，它们也提供了一种方便持久的方式让你可以做你最常做的两件事：回退一个层次，或者返回主页。对于那些层次很深的大型网站来说，它们是最有用的。

下面是面包屑设计中的几项最佳实践：

- **把它们放在最顶层。**面包屑在它们出现在页面顶端，高于所有内容时最有效，我想很可能是因为这让它们看起来放在页面边缘——就像一个补充机制，如书本和杂志上的页码一样。

- **使用 ">" 对层级进行间隔。**各种尝试似乎已经确认，最好的分隔符就是大于号 (>)，

可能是因为 ">" 在视觉上就暗示了沿着层级向前移动的动作。

- **加粗最后一个元素。**层级清单中的最后一个元素应该是当前页面的名称，让它变粗正好得到了应有的突出。而且因为这就是你所在的页面，因此不用添加链接。

我依旧喜欢标签（Tab）的三个理由

虽然还没有证实，但是我强烈怀疑是 Leonardo da Vinci（达芬奇）在 15 世纪末期的某个时候发明了标签分割器（tab dividers）。作为界面设备而言，它们简直无懈可击。

标签是极少几个物理隐喻有效应用到用户界面中的例子之一。就像三孔活页夹或文件柜档案夹上的标签，它们把原来的物体分成了不同的部分，而且打开一个不同的部分很容易，通过突出的标签就可以翻到对应的位置。（或者在 Web 上，点击它。）

我认为标签是大型网站导航的上佳选择，因为：

- **它们不言而喻**。我从来没有见过任何人——不管是多么不懂电脑的用户——看着一个带有标签的界面说："唔，我想知道它们是做什么的？"

- **它们很难错过**。在我进行可用性测试时，非常吃惊地发现，你不知道人们对网页顶部的水平导航条视而不见的情况有多严重。但标签在视觉上是如此的与众不同，它们很难被忽略。而且，因为它们就是导航，很难被误认为是别的东西，所以它们在导航和内容之间创造了一种你所希望的一眼就能看到的区别。

- **它们很灵活**。Web 设计师通常想方设法让页面在视觉上更有趣。如果设计得当（见下图），标签能增加修饰作用而且更实用。

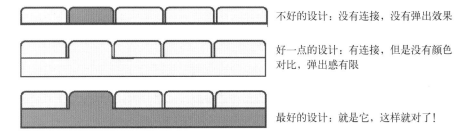

不好的设计：没有连接，没有弹出效果

好一点的设计：有连接，但是没有颜色对比，弹出感有限

最好的设计：就是它，这样就对了！

不过，如果打算使用标签，你可要正确行事。

要让标签完美发挥作用，它们的图形必须营造出这样的视觉效果：激活的标签页位于其他标签页之前。这是让它们跟标签相像的最大要点——比它们那与众不同的标签外形更重要。

要营造出这样的效果，激活的标签页必须有一种不同的颜色或外形作为对比，并且必须与它底下的空间在物理上连接起来。这是把激活的标签页弹出到最前面的方法。

来试试后备厢测试（Trunk Test）

现在你已经对所有导航部分有所了解，可以进行以下的网络导航测试了，下面就是这个测试。

想象你被蒙上双眼，锁在车子的后备厢里，车开了一会儿以后，把你放在某个网站的某个网页上。如果这个页面设计良好，当你除去眼罩时，应该能毫不犹豫地回答以下问题：

- 这是什么网站？（站点 ID）

- 我在哪个网页上？（网页名称）

- 这个网站的主要栏目是什么？（栏目清单）

- 在这个层次上我有哪些选择？（本页导航）

- 我在导航系统的什么位置？（"你在这里"的指示器）

- 我怎么搜索？

为什么要弄得像《 Goodfellas 》(《盗亦有道》) 的情节一样？因为我们经常忘了，在网络上的体验更像被绑架而不是一路鸟语花香地走过去。当你在设计网页时，很容易想象人们是从主页开始，沿着你规划好的漂亮干净的路径到达。但现实生活中，我们经常来自搜索引擎或社交网站，甚至朋友邮件里的链接，直接掉到网站的内部而不知道自己身在何处。更何况，我们以前从来没有见过这个网站的导航机制。

还有，为什么要蒙上眼睛？因为要让你的视线模糊一点，真正的测试不会给你充分的时间和近距离观察来琢磨。标准答案应该是这些元素清楚无误地出现在页面上，而不管你是不是凑近观看。你只能依赖页面的整体外观，而不是细节。

下面是后备厢测试的执行过程：

1）在网站上任意选择一个网页，把它打印出来。

2）拿到一手开外，或者斜过一个角度，让你不能仔细观察。

3）尽快找到下面清单中的项目并画上圆圈：

- 站点 ID

- 页面名称

- 栏目（主导航）

- 页内导航

- "你在这里"的指示器

- 搜索

现在来试试自己的网站，也可以请一些朋友来进行测试。测试的结果可能会让你大吃一惊。

第 7 章

Web 设计中的大爆炸理论

让人们顺利开始的重要性

> Lucy，你得解释一下。
>
> ——Desi Arnaz，在电视剧《我爱露西》中饰演 Ricky Ricardo

设计主页常常让我想起五十年代的电视节目《超越时钟》(《Beat the Clock》)。

每个参赛者都会耐心地听主持人 Bud Collyer 解释即将表演的"特技"，就像这样："你有 45 秒的时间，要把 5 个水气球投到绑在你头上的过滤器里。"

这些特技通常看上去有点麻烦，但只要有一点点运气就完全做得到。

但是，就在参赛者准备开始的时候，Bud 通常会加上一句："噢，还有一点：你必须蒙上眼睛"或者"……在水里进行"，甚至是"……在第五个维度上进行"。

Bud Collyer 为勇气可嘉的参赛者打气

主页就是这样。正当你觉得已经一切妥当的时候，通常就会"还有一点……"。

想想主页要完成的任务：

- **站点标识和使命**。当然，主页要告诉我这是什么网站，它是做什么的——还有，如果可能的话，告诉我为什么我应该在这里，而不是别的某个网站。

- **站点层次**。主页要给出网站服务的概貌——既包括内容（"我能在这里找到些什么？"）也包括功能（"我能做什么？"）——以及它们是如何组织的。这项工作通常由持久导航来处理。

- **搜索**。大多数网站需要在主页上设置一个突出显示的搜索框。

- **导读**。就像杂志封面一样，主页要用一些"里面有精彩内容"的暗示来吸引我。

- **内容推介**。突出最新、最好、最流行的内容片断，就像头条新闻或热销产品一样。

- **功能推介**。邀请我去探索网站更多的栏目或者试用一些个性化功能或邮件简报等。

- **适时更新的内容**。如果网站的成功取决于回访，那么主页很可能需要有一些经常更新的内容。而且，即使是不需要固定访问者的网站也需要一些活跃的迹象——哪怕只是一个到最近新闻的链接——告诉我它并不是死水一潭。

- **交换链接**。需要在主页上预留空间，用来放置广告、交叉推广、合作品牌的友情链接等。

- **快捷方式**。最常访问的内容片断（如软件升级）可能值得在主页上放置链接，免得用户四处寻找。

- **注册**。如果网站使用注册制度，主页需要为新用户注册和老用户登录提供链接，也要有某种方式让我知道自己已经登录进来了（"欢迎回到 ××，Steve Krug"）。

除了这些具体的需要，主页还要满足一些抽象的目标：

- **让我看到自己正在寻找的东西**。主页应该让我想要的任何东西显而易见——如果它在站内某个地方。

- ……**还有我没有寻找的**。同时，主页也需要让我看到一些很精彩的，我也许会感兴趣的内容——就算我并没有寻找它们。

- **告诉我从哪里开始**。在一个新网站里，无从下手的感觉糟糕透了。

- **建立可信度和信任感**。对于一些访问者来说，主页将是你的网站给他们留下好印象的唯一机会。

而且你必须……蒙上眼睛

似乎前面这些还不够吓人，但它们还需要在不利的环境下完成。一些常见的约束有：

- **每个人都想占一席之地**。既然这是一个几乎每个访问者都会看到的页面——而且是部分访问者会看到的唯一页面——那么在主页上突出推介内容很容易造成"大塞车"。

结果，主页成为 Web 上的海景地产：那是最让人渴望的位置，而供应却严重不足。每个和网站利益相关的人都想在主页上拥有一个他们栏目的推介或链接，那么在主页可见位置的地皮大战将会非常激烈。有时候，当我看到某个主页的时候，就会有一种《第六感》(《The Sixth Sense》) 里面那个男孩的感觉："我看到了形形色色的利益相关人"。

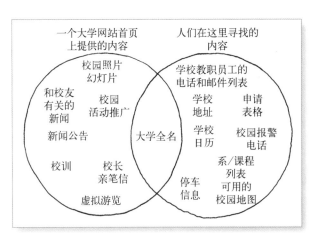

由各利益相关人进行设计的结果。

这张维恩图并不完全准确：有些大学网站甚至没有在主页上放上学校的全名。

"University Website" | xkcd.com

而且还有，大部分用户常常只是沿着页面扫描下来，找到感兴趣的链接为止，那么相对稀少的主页"首要位置"[⊖]就是海景地产中的极品，地皮争夺也只会更加白热化。

- **想要参与的人太多**。因为主页这么重要，因此每个人（甚至包括CEO）都想对它发表看法。

- **一个尺寸要适合所有人**。不像那些层次较低的页面，主页要呈现在每个访问者面前，不管他们的兴趣差别有多大。

第一个受害者

假设主页要达到上述所有目标，如果网站非常复杂，那么就算是最好的主页设计也无法全部做到。因此设计主页时不可避免地需要一些折中，当已经做出这些折中，压力累积到"还有一件事"时，毫无疑问，在这种混乱中总有些东西会被遗忘。

混乱中有一件事你不能忘——而它往往会被忘掉——**传达整体形象**。不管什么时候谁递给我一份主页设计，我通常一眼就会看到他们并没有表达清楚这个网站到底是什么。

越快越好，越清楚越好，在第一次进入一个新网站时，主页需要回答我脑海里的四个问题：

我要能在一眼之内回答这些问题，并且还要正确无误、毫不费力地回答出来。

⊖　从报纸中沿用下来的一个术语，意思是页面上不用滚屏就能看到的部分。

如果在开始的几秒钟之内无法明白我看到的是什么，那么弄懂页面上其他的内容将会更加费力，而且有可能曲解其中一些内容，让我沮丧不已。

但是，如果真的"明白"了，那么我会更有可能正确理解页面上所见到的内容，这将大大提高我会有一次满意而成功的体验的可能性。

这就是我所说的 Web 设计中的大爆炸理论。和宇宙大爆炸理论一样，它的基础理论是，访问一个新网站，或者一个新网页的时候，最初的那几秒钟特别重要。

我们现在可以从一个精彩的试验（搜索一下"Attention Web Designers ： You have 50 Milliseconds to Make a Good First Impression"，Web 设计师注意了：你只有 50 毫秒留下良好的第一印象）看到，一旦打开页面，很多事情就会发生。例如，你大致看了一眼（以毫秒级的速度），然后就形成了一些整体印象：它看起来怎么样？内容很多还是很少？页面的分区很明显吗？哪些部分对我有吸引力？

最有意思的是，这个试验显示，访问者最开始的印象几乎与他们实际上花了一些时间探索之后的印象一致。换句话说，虽然我们会做出快速判断，但是相对于我们更明智的评估来说，这些判断依旧十分可靠。

这并不是说我们的第一印象总是对的。事实上，我经常在可用性测试里看到，人们关于"这些东西是什么"和"它们会如何运作"的想法往往是错误的。然后，他们就会用这些错误的"知识"和印象来解释之后看到的一切内容。

如果最初的假设是错误的（例如"这是一个关于 XXX 的网站"），他们会把这种错误的理解延续到后面遇到的所有东西上。而且，他们最终也会得到更多的误解。如果人们在一开始的时候就迷路了，那么他们只会越来越迷路。

这就是为什么让他们一开始就非常顺利这么重要的原因，让他们对网站的整体形象有个清楚的把握。

别误会，其他东西也很重要。你的确需要给我留下印象，吸引我的注意，给我提供指导，让我看到你的友情链接。但是这些都不会有问题，总是有很多人——在开发团队内部或外部——全力保证完成这些工作。然而，通常没有人来监督整体形象的表达。

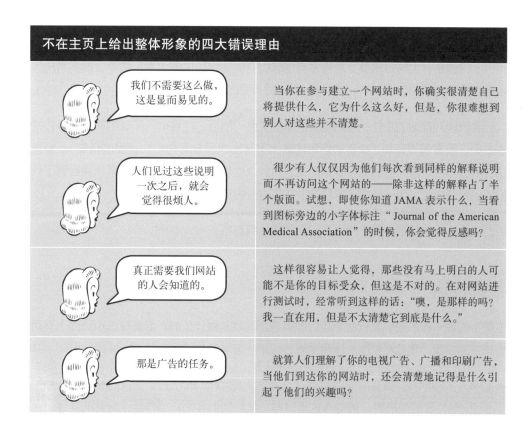

但是……你说的是主页？真的？

我知道你们当中有些人在想些什么：

"已经没有人从主页开始对网站进行访问了，那都是 2004 年的事了。"

当然，你们没错。和 Web 时代的早些时候相比，主页已经丧失了它的主导地位。现在，人们可能——或者说更可能——通过链接来到你的网站，不管是邮件里的链接，还是博客文章，还是来自社交网络的某个链接，直接空降到网站深处的某个页面。

出于这个原因，网站上的每个页面都应该尽量给他们提供指引和参考：告诉他们关于网站的各种正确信息：你们是什么，你们是做什么的，网站可以提供什么服务。

不过，问题是，大部分网页上常常没有足够的空间来传达这些信息。结果，很多用户开始养成了一种新的习惯。

人们会瞬移到网站的深处，看到链接过来的页面。然后，往往他们所做的第二件事就是去主页，看看周围环境（我喜欢想象成潜水员浮出水面看看他们在哪里的情景）。如果当初的页面很有趣，他们会想看看网站还有什么他们感兴趣的地方。如果确实看到了他们能信赖的内容，他们会想了解是谁发布了这些内容，可信度有多高。

因此主页还是履行这个职责的地方，你需要认真对待。

如何传达

主页上的每一样东西都会有助于我们理解这个网站是做什么的，但是在这个页面上有两个重要的位置，我们希望能从这两个地方找到一些清楚的陈述。

- **口号**（Tagline）。最有价值的位置之一是靠近站点 ID 的地方。当我们看到一个和站点 ID 相关联的短语时，就知道这是口号，然后我们会把它当作整个网站的描述。在下一节我们再来详细讨论口号。

- **欢迎广告**。欢迎广告是网站的简要描述，显示在主页的首要位置，通常是页面上端的左边或者中间，是用户第一眼就会看到的内容。

- **"了解更多"**。创新的产品和服务通常需要一些介绍，而这些介绍所需要的篇幅往往会超过一般访问者的忍耐程度。但是用户已经开始习惯了在他们的电脑或移动设备上看上一小段视频，因此，人们开始期望在大部分网站上看到一段介绍性的视频，而且他们通常愿意花费时间观看。

问题是并不是每个人都会使用这三个元素——甚至也不是每个人都会注意到它们，而是说，网站用户多半是从主页的大体内容来猜测这个网站是做什么的，但是如果他们猜不到，你就要有一个地方让他们找得到。

下面是几条传达信息的指导原则：

- **需要多大空间就使用多大空间**。一种可能的倾向是不使用任何空间，原因如下：1）你无法想象有人会不知道这是什么网站；2）每个人都在吵着要把主页的空间另做他用。

例如，我们来看 Kickstarter.com。因为他们新奇的主张，Kickstarter 需要做很多解释工作，因此他们明智地使用大量主页空间来进行解释。如图所示，几乎主页上的每个元素都在解释或强调站点的目标。

Kickstarter好像没有口号（除非他们的口号就是"Bring creativity to life"），不过他们确实花了很多精力来让人们了解他们是什么，他们的服务如何进行。

很明显，在他们的主导航条上，"什么是Kickstarter"是最显眼的条目。

- **但是不要使用过多的空间**。对于大多数网站，没有必要用大量的空间来表述基本主张，而且占据整个版面的信息一般很难被吸收。保持简短——表明观点即可，不需要太长。不要觉得非提到每个功能不可，只提最重要的就可以了。

- **不要把使命陈述当作欢迎广告**。很多网站在主页上阐述他们的公司使命，看起来就像出自一位美国小姐决赛选手："× 公司在 × × 发展领域提供世界一流的解决方案……"。没有人会看这样的内容。

- **最重要的是进行测试**。你不能只依靠自己的判断力，必须把主页拿给公司之外的人看，让他们告诉你你的设计是否达到了目标，因为只有"网站宗旨"的缺失是公司内部人员不会注意到的。

没有什么比得上一个好口号

口号是一条精练的短句，刻画了整个企业，总结它是什么，什么让它如此卓越。口号在广告、娱乐和出版行业已经存在很长时间了，例如："成千上万的小汽车，价格低到不可思议"，"（我们的明星）比天上的星星还要多"[⊖]，"所有适合刊登的新闻"[⊜]。

在网站上，口号可能出现在站点 ID 的下方、上方或旁边。

口号是非常有效的信息传达方式，因为它们是用户最希望能找到关于网站目标具体描述的地方。

在选择口号时，有几点要考虑：

- 好的口号要**清楚**，要**言之有物**，非常准确地对网站或公司进行描述。

○　美国米高梅电影公司在 20 世纪 30 ～ 40 年代的口号。

○　《纽约时报》的口号，不过我得承认我个人更喜欢《 Mad 》杂志的模仿版："所有适合刊登的新闻，我们都登"。

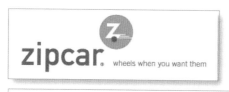

- 好的口号**长度合适**。6 ~ 8 个英文单词对表达思想来说似乎已经够了，而且容易让人领会。

- 好的口号**表述了网站的特点**和**显而易见的好处**。Jacob Nielsen 曾经建议过，一个真正卓越的口号就是全世界只有你自己适用，其他网站 / 公司都用不了的那种，我觉得这种视角非常不错。

- 不好的口号听起来**太笼统**。

Nationalgrid（国家电网）可能有点跑题，用了网站宗旨而不是一个与众不同的口号，不过因为它是一家公众服务公司，用户都是跑不掉的，所以不与众不同也不是什么问题。

别把口号和宗旨（motto）混淆起来，例如："我们让生活更美好"、"我们是你的得力助手"、"保护与服务"。宗旨表达某种指导原则、某个目标或某种理想，但是口号传达了某种价值主张。宗旨崇高而又可靠，但如果我不知道网站是什么，它们不会告诉我。

- 好的口号应该**有个性**、**生动**，**有时候还很俏皮**。俏皮很好，但它应该有助于传达（而不是混淆）好处。

口号？我们才不要什么讨厌的口号

有些网站不需要口号，例如：

- 有几个网站已经达到家喻户晓的地步。

- 一些网站的品牌在网站建立之前就很出名。

不过，在我个人看来，我认为就算是这些网站也可以从口号中获得好处。毕竟，不管你有多出名，为什么要放过一个并不张扬的机会来告诉人们为什么他们应该待在你的网站呢？还有，就算网站来自著名的离线品牌，它在网络上的使命也一定跟原来不同，那么解释这种区别很重要。

第五个问题

一旦知道网站是做什么的，接下来就是主页需要回答的另一个重要问题了。

从哪里开始?

当进入一个新的网站时，快速浏览主页之后，我应该能准确无误地知道：

- 如果我想搜索，可以从这里开始。

- 如果我想浏览，可以从这里开始。

- 如果我想看看他们最精彩的内容，可以从这里开始。

在那些针对包含一系列步骤的过程（例如抵押贷款）所建立的网站上，过程的起点应该很显眼。而在那些新用户需要注册 / 老用户需要登录的网站，应该突出显示注册和登录的位置。

不幸的是，推销商品（或者至少所有支持本周之内商业模式的东西）的需要有时会淹没上面提到的这些地方。如果页面上满是大喊大叫的"从这里开始！"、"不，先点击我！"，就很难找到这些起点。

要避免这种情况，最好的方法是让每个起点看起来像起点（如，让搜索框看起来像搜索框，让栏目列表看起来像栏目列表），此外，清楚地给它们加上文字描述，例如"搜索"、"分类浏览"、"登录"、"从这里开始"（对于多步骤过程）。

为什么金鹅这么诱人

主页似乎会引发短视的行为。当我出席主页设计会议时，经常会在脑海里闪过"正在杀死金鹅"这样的想法[一]。

在这些行为中，最糟糕的当然是想要推销所有项目的这种倾向。

在主页上进行推介的问题是它的效果太好了。任何项目，只要在主页上有一个醒目的链接，它肯定会得到更多的访问量——这会让站点其他利益相关者想到："为什么我不来一个？"

问题是，在主页上增加更多项目所得到的和付出的并不一致。得到推介的栏目获得了巨大的访问量，而由于主页变得更混乱而引起的有效性总体损失是由所有的栏目一同承担。

这是一个共有区域悲剧（The Tragedy of the Commons）[二]的好例子。它的前提很简单：任何共享的资源（共有区域）都会因为过度使用而遭到破坏。

⊖ 我的这个想法是来自故事《杰克和魔豆》，实际上，杰克的巨人确实有一只会下金蛋的鹅，但没有人想去杀它。愚蠢的宰杀事件发生在《伊索寓言》中，在那里也没有提到多少：人发现一只鹅，人变得贪婪，把鹅杀了，他再也得不到鹅蛋了；寓意："太过贪婪常会适得其反"。

⊜ 这个概念由 19 世纪的业余数学家 William Forster Lloyd 提出，并且由于生物学家 Garrett Hardin 一篇关于人口过多的经典论文而流行起来（"The Tragedy of Commons"，《Science》《科学》杂志，1968 年 12 月）。

以一个小镇的牧场为例，对每头由放牧人增加到公共牧场的牲畜，他可以卖掉并得到所有的收益——这是一个正向的收益（+1），但是增加一头牲畜的副作用——过度放牧带来的影响——由所有人承担，因此对于单个的放牧人来说，负面影响小于 1。

对每个放牧人来说，明智的做法是往牧场里不停地增加牲畜——最好是在别人这么做之前做。而且，由于每个理性的放牧人都会得到同样的结论，这个牧场的悲剧就注定了。

防止主页被过度推介需要一直保持警惕，因为这种情况通常是渐渐发生的，随着慢慢地、冷冷地增加着"只是……还有一点……"。

应该让所有的利益相关者知道过度使用主页的危险，并且提供其他方法来缓解这种需求，例如从其他热门页面进行推介，或者轮流使用主页上的同一块空间。

确定你没有做错的几件事

第 8 章

农场主和牧牛人应该是朋友

为什么大部分关于可用性的争论是在浪费
时间，如何避免这种情况

> 一个喜欢犁田
>
> 另一个喜欢放牛
>
> 但他们没有理由不能成为朋友
>
> ——音乐剧《奥克拉荷马》，奥斯卡·哈默斯坦二世

如果只有他们自己在进行设计，Web 开发团队在可用性问题的决策方面并不是那么成功。很多团队一直在花大量宝贵的时间一次次地重复着同样的问题。

看看下面的场景：

我常常把这种无休止的讨论称为"信仰大战",因为它们跟大部分的宗教和政治讨论有很多相同之处:它们由大量无法验证的个人信仰组成——大体上是为了在某些重要问题的最好做法上取得一致(不管是永久和平、政府效率,或者只是设计网页)。而且,和

大多数的信仰大战一样，它们很少能让人改变他们原来的看法。

除了浪费时间，这些争论也产生紧张气氛，破坏团队成员之间的关系，常常让团队无法做出关键的决定。

不幸的是，有一些因素会作用在大部分的 Web 团队中，让这些辩论几乎无法避免。在这一章，我将讲述这些因素，并对我认为最好的解决方法进行解说。

"每个人都喜欢___"

我们这些建造网站的人都有一个共同点——我们也是 Web 用户。而且，和所有的 Web 用户一样，我们似乎对网站上自己喜欢什么、不喜欢什么有着强烈的感觉。

从个人角度来说，我们喜欢每个页面顶部的主菜单和左侧的详细菜单，因为它们看起来很熟悉而且容易使用；或者我们不喜欢它们，因为它们很枯燥乏味。我们喜欢页面上有大幅动人的图片，因为它们会引发我们的情感共鸣；或者我们不喜欢它们，因为我们只想直接看到内容。我们真的喜欢有___的网站，或者，我们发现 ___真是让人痛苦极了。

而当我们处在一个 Web 团队中时，事实证明很难保证不把这些感觉牵涉进来。

结果往往就是一大堆人在房间里，每个人都有自己的什么能让网站更好的强烈主张。

而且，由于这些主张的力量——还有人的天性——自然有一种把这些喜欢或不喜欢投射到整个 Web 用户身上的倾向，认为绝大多数用户喜欢我们所喜欢的。我们通常认为大部分用户跟我们一样。

也不是说我们认为每个人都跟我们一样。我们知道，也有一些人，他们讨厌我们所喜欢的东西——毕竟，在我们的团队中就有几个这样的人。但那只是一些不明智的人，明智的人不多。

农场主和牧牛人

在这种个人情绪的表面之上，还有另外一个层次的问题：职位情绪。就像《奥克拉荷马》中的农场主和牧牛人，由于各自的职位不同，Web 团队的成员们对于好的网站设计有着非常不同的看法。[⊖]

从某人的职位来看，理想的Web页面

CEO　　　　　　开发人员　　　　设计师　　　　　　业务拓展人员

我总觉得，这些人处在不同的职位很可能因为他们自己各不相同。例如，就拿设计师来说，设计师之所以成为设计师，是因为他们高度享受视觉体验。看到页面上满是精美的样式和细致的视觉线索，他们会感到由衷地开心。这跟内啡肽的分泌有关系。

而开发人员喜欢复杂性。他们希望研究事物背后的运行机制，喜欢在他们的大脑里进行反向工程，然后看看可以用到哪些想法。同样，这跟内啡肽的分泌也有关系。

而且这些反应发生在大脑 – 化学层面，大家很难想象其实每个人的反应不可能都一样。

结果是，设计师们想建造看起来很棒的网站，而开发人员想建造功能有趣、新颖、出色的网站。我不太确定在这样的场景中谁是农场主，谁是牧牛人，但我确实知道，当建立设计优先级时，他们在看法上的不同常常引发冲突——和强烈的感觉。

⊖　在这部剧中，节约、敬畏上帝、喜欢务农的农场主常常和随心所欲、自由生活的牧牛人不一致。农场主们喜欢篱笆，而牧牛人们喜欢开阔的空间。

同时，设计师和程序员发现他们自己在另一个更大的冲突面前是站在同一边的，那就是
Art Kleiner 描述的市场文化和工程文化（The Culture of Hype and Craft）。⊖

当市场文化（上层管理、市场、业务拓展）关注于在网站上做出有助于吸引风险投资、
用户、战略合作伙伴和赢利的承诺时，实现这些承诺的责任就落在设计师和程序员这样
的工程文化人员身上。

这种艺术和商业（或者是农场主和牧牛人 vs. 铁路大亨）持续矛盾的网络版对任何可用
性问题的讨论增加了另一个层次的复杂性——这种复杂性常常体现为从市场文化⊖那边
下达的武断指示。

普通用户的神话

大部分 Web 用户跟我们一样，这种信仰已经足够让通常的 Web 设计会议陷入僵局了。
然而在这样的信仰背后，还有另一个隐藏得更深的信仰：相信大部分 Web 用户是弹性
的，可以随意变化。

⊖ 参见 "Corporate Culture in Internet Time"，《strategy+business》杂志 www.strategy-business.com/
press/article/10374。

⊖ 有一次，我在一个很不错的网站——也就是说经过良好设计——主页上看到一个特别让人迷惑
的功能。当我问到它的时候，得知："噢，那个，是我们 CEO 梦到的，因此我们不得不加上
它。"千真万确！

一旦因个人和职位不同而造成的冲突不分胜负，讨论常常会转化为寻找某种方式（不管是专家的意见、发布的研究成果、调查问卷，还是焦点小组）来确定绝大部分用户喜欢或不喜欢什么——找出所谓的普通用户。这里唯一的问题是，没有什么普通用户。

实际上，我花了很多时间来观察人们对网络的使用，并且得到了一个相反的结论：

> 所有 Web 用户都是独一无二的
>
> 所有的 Web 使用都是不一样的

你越是仔细观察用户，并倾听他们表述自己的意图和思考过程，就越能意识到他们对网页的个人反应和那么多不同的变量有关，因此，试图用一些简单的喜好来形容用户既琐碎又没有什么作用。另一方面，好的设计会把这种复杂性考虑进去。

关于普通用户的神话，最糟糕的是它加强了这种看法，认为好的 Web 设计主要是找出人们的喜好。这种想法看上去很不错：下拉框要么很好（因为大多数人喜欢它），要么不好（因为大多数人不喜欢）。文章全文要么放在同一个长页面，要么应该分成很多篇幅放在更多的分页。还有主页上的轮播、多栏下拉菜单、鼠标滑过的反应，等等。要么很好，要么不好，非黑即白。

问题是，对于大部分 Web 设计问题来说（至少对于重要的问题来说），没有简单的"正确"答案。良好的、一体化的设计能满足需要，也就是说，经过仔细考虑、实现和测试的设计就是好的。

并不是说有些方法你永远不要去用，而是说有一些你确实要少用。确实有些设计网页的方法是完全错误的，只是它们往往并不是设计团队通常争论的那些方法。

对于信仰争论的解药

解药的关键是，不要问这样的问题："大部分人喜欢下拉框吗？"正确的问题应该是："在这个页面，这样的上下文中，这个下拉框以及这些下拉项目和措辞会让可能使用这个网站的大部分人产生一种良好的体验吗？"

而且，也只有一种方式来回答这种问题：测试。你必须使用团队的集体技巧、经验、创造性和判断力来建立一些版本（哪怕是一个很粗糙的版本），然后仔细观察人们对它的看法和用法。

除此之外，再没有别的方式了。

争辩人们喜欢什么，既浪费时间又消耗团队的精力，而测试通过将讨论对错和个人喜好转移到什么有效、什么无效上，更容易缓和争论，打破僵局。而且，测试会让我们看到用户的动机、理解、反应的差异，从而让我们不会坚持认为用户的想法和我们的想法一样。

你说我认为测试是个好东西吗？

下一章将讲述如何测试你的网站。

第 9 章

一天 10 美分的可用性测试

让测试简单——这样你能进行充分的测试

为什么我们没有早一点这么做？

——在网站的第一次可用性测试过程中，

每个人都会这么说

以前我接到过很多这样的电话：

只要听到"两个星期之内发布"（或者哪怕"两个月"）和"可用性测试"出现在同一句话里时，我就有了那种"救火队员冲向起火的化学工厂"的感觉，因为我相当了解这样的情形。

如果是两个星期，那么这肯定是一次进行灾难检测的请求。发布的时间即将到来，每个人都开始神经紧张，然后有个人终于开口说："也许我们最好做点可用性测试。"

如果是两个月，那么他们需要的是解决某些正在进行的内部争论——通常是关于某些很具体的方面，例如颜色方案。公司内部的意见划分成两个设计阵营，一些人喜欢有趣的设计，一些人喜欢典雅的设计。最后，某个有适当权力的人厌倦了这种争论，说："好，我们做点测试来解决这个问题。"

有时候，可用性测试能平息这种争论，但通常它所起的主要作用是证明他们正在争论的问题根本没有那么重要。人们经常想通过测试来决定哪种颜色的窗帘最好，却发现他们忘了在房间安上窗户。例如，他们可能发现，如果没有人能理解网站的价值主张，那么使用级联菜单还是多栏下拉菜单没有多大区别。

可悲的是，这就是大部分可用性测试完成的方式：太少了，太迟了，而且全都是为了一些错误的理由。

跟我重复一遍：焦点小组不是可用性测试

有时候，前面提到的电话更加吓人：

如果最后一分钟的请求说的是焦点小组，通常表示这个电话是来自市场部门。随着发布日期逼近，如果市场人员觉得网站的设计方向错误，他们会认为唯一能扳回形势的希望在于向更高的权威求助：市场研究。而他们所知道的研究方式是焦点小组。

我常常需要花很大力气来让客户明白，他们需要的是可用性测试，而不是焦点小组——这种情形如此之多，以至于最后我做了一个动画短片来显示这种澄清有多难（短片地址：somesslightlyirregular.com/2011/08/you-say-potato）。

两者之间的简要区别如下。

- 在**焦点小组**研究中，一小组人（通常是 5 ~ 10 人）围坐在桌子旁边，侃侃而谈，谈的是他们对产品的看法，产品的过往使用经验，或者他们对一些新概念的反应等。如果是想要快速得到部分用户的意见和感觉，焦点小组是一种不错的方法。

- 在**可用性测试**中，一次一个用户，我们观看用户试用一些东西（不管是网站、网站原型，还是一些关于新设计方案的草图），去完成一些典型的任务，通过观察用户的行动，你可以检测到那些让用户混淆和倍感挫折的地方，并修复它们。

两者之间最主要的区别是，在可用性测试里，你会看到人们真正的使用情形，而不是只听到他们的说法。

焦点小组在抽象地确定你的目标受众想要什么，需要什么，喜欢什么的时候，可能会很有用。它们也在测试网站背后的理念是否有意义、价值主张是否吸引人等方面起到了很好的作用，同时，它们在了解当前用户在怎样利用你的网站帮助解决他们的问题方面、发现用户对你和你的竞争对手看法如何等方面，也很有帮助。

但它们不适合用来了解网站的运行情况，以及怎样改进网站。

能从焦点小组学到的知识，是你们在任何开发和设计之前就应该了解的，例如你们是否在建造对的产品，所以焦点小组最适合用在这个过程的早期阶段。而可用性测试，在另一方面，应该贯穿在整个开发和设计过程中。

关于测试的几个事实

下面是我所知道的测试的主要事实。

- **如果想建立一个优秀的网站，一定要测试。**为一个网站工作几个星期也会让你失去新鲜感。你了解得太多了。找出它是否运作正常的唯一方式就是测试。

测试提醒你，不是每个人想的都和你一样，知道你所知道的，用和你一样的方式使用网站。

我以前常说，最好把测试看作旅行：一种开阔性的体验。它提醒你人们有多么不一样，又有多么相像，并且带给你事物的新鲜视角。⊖

但后来我意识到，测试实际上更像邀请外地的朋友过来参观。不可避免地，当你和他们一起四处游玩时，你会看到平时不会注意到的一些情况，因为你太熟悉了。而同时，你也意识到有很多你认为想当然的事情，对别人来说并不是那么明显。

● **测试一个用户比不做测试好一倍**。测试总是会有效果，哪怕用错误的用户做一次最糟糕的测试，也会让你看到一些重要的地方来改善网站。

我喜欢在每次研习班的一开始就安排一次现场可用性测试，这样人们能看到测试很容易进行，而且经常能产生许多有价值的看法。

我通常会在班上找一位志愿者，请他在某个参加者的网站上执行一项任务，这样的测试不会超过十分钟，但这位被测网站的参加者通常会记上好几页的笔记。通常他们还会询问是否可以对这次测试进行录像，他们好拿回去给开发团队观看。（有一位参加者告诉我，他的团队看到录像之后，对网站做了一项改变，后来他们发现这样累计节约了十万美元。）

● **在项目中，早点测试一位用户好过最后测试 50 位用户**。大多数人假定用户测试会很复杂，但如果你把它设计得很复杂，就不会尽早进行测试，或者进行足够的测试来从中获得最多的收益。早点做一次简单的测试——在你还有时间用上你的测试所得的时候——总是比以后进行一次复杂的测试更有价值。

关于 Web 开发的一些经典看法是，它们很容易开始，也很容易进行修改。而事实上，一旦一个网站投入使用，要改起来就不那么容易了。一部分用户将抵制任何变化，甚至很简单的变更也会引起深远的影响，所以任何在开始时就有助于防止你犯错误的方法都很划算。

⊖ 那些进行精益开发的创业者会说，它能让你跳出建造过程（building）。

跳楼大减价的简易可用性测试

可用性测试存在已经有很长时间了，它的基本理念很简单：如果你想知道某个东西是否容易使用，那么在一些人试图使用的时候观察他们，记下他们在哪里遇到问题。

不过，在最开始的时候，可用性测试花费昂贵。你需要建一个可用性实验室，有一间位于单向玻璃后面的观察室，至少两部摄像机来录制他们的反应和正在使用的目标对象。也需要招募大量测试用户[⊖]，来得到有统计意义的结果。这是科学研究，一次需要花费 2 ～ 5 万美元，因此不会经常进行。

但是在 1989 年，Jakob Neilsen 写了一篇名为 "Usability Engineering at a Discount"（"打折的可用性工程"）的论文，指出没有必要那样做，不需要可用性实验室，而且，就算是少得多的测试用户也能得到同样的结果。这样，每次打折可用性测试的价格降到了 5 000 ～ 10 000 美元。

打折可用性测试的想法是一个很大的进步。唯一的问题是，每个网站和移动应用都需要进行可用性测试，而一次测试花费 5 000 ～ 10 000 美元也是一笔不小的花费，所以这样的测试做得通常不太频繁。

我要在这一章介绍给你们的方法会更加简单（也便宜很多）：就是我们所说的"跳楼大减价"的 DIY 可用性测试。

我将试着解释在你没有时间也没有预算的情况下，如何自己进行测试。

别误会：如果你请得起专家帮你进行测试，那么就请专家好了，有意思的是，他们的确会比你自己做得更好。但是如果预算不那么充分，那就自己来做。

因为我非常相信这一类的可用性测试有着极大的价值，所以写了整整一本书（书不厚）来讲述如何进行测试，书的名字是：《Rocket

---

⊖　我们一般把他们叫做参与者（participant）而不是测试用户，这样可以更清楚地表达我们测试的对象是网站，而不是这些人本身。

Surgery Made Easy： The Do-it-Yourself Guide to Finding and Fixing Usability Problems 》[一]。

它涵盖了这一章的主题，并详细叙述了很多细节，针对整个过程为你提供了一步一步的指引。

	传统可用性测试	跳楼大减价的简易可用性测试
花在每次测试上的时间	一到两天的测试，然后花一个星期准备一次简报或报告，之后需要一些步骤来决定修复哪些问题	每个月一个上午，包括测试本身、总结和决定修复哪些问题 到午后，这个月的测试已经完成了
什么时候测试	网站快要开发完成的时候	持续进行，贯穿整个开发过程
进行多少次测试	因为时间和经费，一般每个项目进行一到两次	每个月一次
每次测试的参与者数量	通常为 8 个或更多	3 个
招募方式	仔细选择，来接近目标用户	随便找一些人，如果必要，经常进行测试比测试"真实用户"更重要
测试地点	不在开发现场，通常是租用的场地，包括一个观察房间和单向玻璃	在开发现场进行，观察人员使用一间会议室，使用屏幕共享软件观看
谁来观看	一整天不在现场的测试通常意味着没有多少人会进行第一手的观察	半天的现场测试通常意味着有更多的人可以看到测试"实况"
汇报总结	需要一个人至少花一个星期时间准备一份简报或者一份大部头报告（25 ~ 50 页）	一份 1 ~ 2 页的邮件，列出团队在总结会上的决定
谁来标识问题	一般是主持这次测试的人，负责分析测试结果并给出修复建议	整个开发团队，加上任何感兴趣的利益相关者，在测试结束之后的午饭时间一起核对笔记，并决定修复哪些问题
主要目标	尽可能地标识出更多的问题（有时候会有好几百），然后进行分类，并根据严重性进行优先级排序	找到最严重的那些问题，并承诺在下一次测试之前修复它们
现金成本	5 000 ~ 15 000 美元，如果聘请某位专家帮你主持	每次几百美元或者更少

　　[一]　书的中文名字是《妙手回春：网站可用性测试及优化指南》。——译者注

应该多久进行一次测试

我认为，每个 Web 开发团队应该每个月安排一个上午进行一次可用性测试。

一个上午可以测试三位用户，然后在午餐时间进行总结，就这么简单。然后，在总结结束之后，团队应该已经决定了下个月的测试之前应该修复的那些问题，就这样，这个月的测试工作就已经完成了。

为什么是每个月一个上午？

- **这样能保持测试简单，所以你们能坚持进行**。每个月一个上午是很多团队能为测试留出的最大时间了。如果太复杂，或者太花时间，那么很可能以后，忙的时候你们就不会安排测试的时间了。

- **这样能满足你们的需要**。通过观察三位测试参与者，你们可以找到足够多的问题，一直能让你们忙到下个月。

- **这样就不需要决定什么时候测试**。你们应该选定一个月的某一天，例如每个月第三个星期的星期四，让它成为你们的可用性测试日。

这样比按照你们的开发里程碑和交付物（例如"我们会在第一个测试版本发布之前进行测试"）来制订测试计划好多了，因为开发计划经常会偏离，然后测试计划就会偏离得更厉害。不用担心，每个月总需要测试某些东西。

- **这样人们更可能参与进来**。整个测试在一个上午完成，而且在一个相对稳定可以预知的时间进行，这样会大大增加团队成员参与的机会，他们也会留出时间，至少观看其中一部分过程，这样就很理想。

应该测试多少用户

很多情况下，我认为，每轮测试的理想用户数量应该是三个。

有些人会抗议说三个太少了。他们会说，这么小的样本，根本证明不了什么，也不会发现所有的问题。这两点都是对的，问题是它们都不重要，因为：

- **这类测试的目的不是为了证明任何东西**。要进行证明，就需要定量测试，需要大样本量，一份清楚定义、严格执行的测试计划，收集大量测试数据并进行分析。

DIY 测试是一种定性的方法，它的目的是通过发现和修复可用性问题来改进你们正在建造的东西。这个过程一点也不严格：你让他们完成一些任务，你在旁边观察，然后你会了解到很多原来不知道的事实。测试结果是切实可操作的发现，而不是证据。

- **你不用发现所有的问题**。事实上，在进行任何测试的时候，也永远不可能发现所有的问题。而且就算发现了所有的问题，对你也没什么帮助，因为事实如下：

> 一个半天的测试，就能让你发现太多的问题，一个月都修复不完。

你总是会找到太多的问题，而你并没有足够的资源去修复它们，因此，非常重要的是把注意力集中在首先修复最严重的那些问题上。而且前三个用户，很可能会遇到几乎所有最明显的那些和当前测试任务相关的问题。

还有，每个月你都会再做一次测试，多做几次测试，远远比写下每次测试中发现的所有问题更重要。

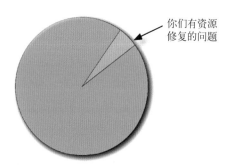

你们有资源修复的问题

几个测试参与者就能帮助你们找到的问题

怎样选择测试参与者

人们决定要测试之后，通常都会花很多时间来招募他们认为能精确反映目标群体的测试用户——例如，男性，财务人员，25 ~ 30 岁，1 ~ 3 年的计算机经验，最近购买过贵重靴子。

如果能请到非常接近目标用户的参与者来进行可用性测试，那么也很好，不过真相其实是，从你的目标用户群里招募测试参与者没有表面上看起来那么重要。对于很多网站来说，你几乎可以用任何人来进行一大堆测试。而且如果你是刚刚开始着手进行测试，你们的网站可能有一大堆可用性方面的"大招"，在等着难住任何来帮助进行测试的人呢！

根据严格的条件来进行招募，通常需要付出更多的劳动（来找到他们）和更多的金钱（付给他们的报酬）。如果你们的时间充足，又或者预算很充分可以请人帮忙招募，那么可以尽量按你们的条件去筛选，但是如果寻找理想用户意味着你将减少测试次数，那么我推荐另一种方式：

> 宽松招募，曲线上升

换句话说，去寻找能反映你目标群体的测试用户，但是别因此裹足不前。反过来，允许你的测试用户和目标群体之间存在差别。如果其中一个人遇到某个问题，问问你自己："我们的用户也会遇到这个问题吗，还是因为测试参与者不知道一些专业知识所以导致了这个问题？"

如果使用你们的网站需要了解一些特定的专业知识（例如一个为金融管理专业人士设计的货币兑换网站），那么你需要招募一些了解这些知识的人。但也不必全部如此，因为对于很多最严重的可用性问题来说，每个人都会遇到它们。

实际上，我常常喜欢使用一些并不是目标用户的测试参与者，因为下面的三个理由：

- **设计出的网站只有你的目标群体能使用，这通常并不是一个好主意。** 领域知识有时候很微妙，如果你设计一个为财务人员准备的网站，使用的是你认为所有财务人员都会明白的术语，然而你很有可能会发现为数不少的财务人员并不知道你在说些什么。在很多情况下，不管怎样，你需要满足专家也同样需要满足新手。

- **在内心深处，我们都是初学者。** 找来一位专家，你会发现他也在勉强应付——只不过在高一点的层次上。

- **专家通常不会介意对初学者来说很清楚的界面。** 每个人都喜欢简洁（是说真正的简洁，不是把一大堆内容藏到下面的那种）。因此如果"几乎任何人"都能使用，专家也能使用。

怎样找到测试参与者

有很多地方，也有很多方式可以找到测试参与者，例如在用户组里，在展览会上，在分类信息网站，Facebook 和 Twitter 那样的社交网站，客户讨论组，或者在你们的网站上提供一个弹出窗口，甚至邀请你的邻居和朋友都可以。

如果你准备自行招募，我建议你下载 Nielsen Norman Group 发布的免费报告，"怎样为可用性研究招聘参与者"（How to Recruit Participants for Usability Studies）[⊖]，147 页。不需要全文阅读，但是里面有很多很好的建议。

典型的一小时测试补贴范围在 50 ～ 100 美元（"普通"用户）到几百美元（某个领域的专家用户，例如心脏病专家）之间。我喜欢比市场平均水平多付一点儿，因为这可以明确表示我很重视他们付出的时间，测试参与者更有可能会准时出席。别忘了，就算测试过程只要半个小时，测试参与者通常还会计划另外一个小时的交通时间。

在哪里测试

要进行测试，你只需要一个安静不被打扰的空间（通常是一间办公室或会议室），一张桌子，两把椅子，一部电脑（需要连接网络，如果你在测试一个在线网站），一个鼠标，一个键盘，以及一个微型麦克风。

你还需要使用屏幕共享软件（例如 GoToMeeting 或 WebEx），来允许团队成员、利

⊖　地址为：nngroup.com/repots/tips/recruiting，这篇报告完成于 2003 年，不过就算你算上 20% 的美元通货膨胀率，里面的数据也还是值得参考的。何况我前面已经说过，这报告本身是免费的。

益相关人以及任何对观察测试有兴趣的人从另一个房间观看测试。

你还应该使用屏幕录制软件（例如 Techsmith 公司的 Camtasia），可以把屏幕上发生的一切，还有测试参与者和主持人之间的对话，录制下来。你可能永远不会去回放这些文件，但是如果有些东西想回放进行核对，或者想在演示和报告的时候加上一些视频剪辑片段，这是很好的数据来源。

应该由谁来引导测试

和测试参与者坐在一起，引导他们进行整个测试的人叫做主持人（facilitator）。几乎任何人都可以主持可用性测试，他真正需要的工作只是鼓励测试用户去尝试。只要有一点实践经验，大部分人都能做得很好。

我认为你会想要自己主持测试，不过如果不是，你也可以选择一位比较有耐心、冷静、有同理心、善于倾听的人。注意不要选择那种你认为"完全不是人类的人"或者"办公室狂人"。

除了让测试参与人觉得舒服自在，并把注意力集中在测试任务上之外，主持人的主要工作就是鼓励他们尽可能地"说出心里话"：把心理活动说出来。一边观看测试参与者的动作，一边听他们在进行测试任务时说出他们的心理活动，这就是观察者们能通过其他人的视角看到自己的网站，去理解为什么有些东西自己认为理所当然，而用户会觉得很迷惑或挫折的关键所在。

谁应该进行观察

人越多越好！

进行可用性测试，其中最有价值的一件事就是它能在观察者身上起到的效果。对于很多人来说，这完全是一次颠覆性的体验，一下子就改变了他们对用户的认知。他们突然"醒悟过来"，用户们跟他们自己并不一样。

你应该鼓励任何人——团队成员、利益相关人、各级经理，甚至决策层的管理人员来观看测试过程。事实上，如果你有任何测试预算，我建议你去采购最好的零食，吸引人们过来观察（巧克力味的羊角面包效果似乎相当不错）。

你需要设置一间观察室（通常是一间会议室），一台联网的电脑和屏幕共享软件，以及一个大屏幕显示器或投影仪，还有一对外置麦克风，让任何人都可以看见，也可以听见测试室的情况。

在每场测试之间的间隔，观察者们需要写下他们注意到的三个最重要的可用性问题，并在总结会上进行分享。你可以从我的网站上下载一份我设计的表格。他们可以尽量多记一些笔记，但是保持这份清单简

短也很重要，因为，正如你所看见的那样，总结会的目的是为了找出几个最严重的问题，然后首先修复它们。

测试什么，什么时候测试

正如任何可用性专家都会告诉你的那样，关键是要在整个开发的各个阶段及早进行测试，并让可用性测试贯穿整个开发过程。

真的没什么太早这一说（测试开始越早越好），甚至在你开始设计网站之前，就应该测试一下同类的网站。可以是实际的竞争对手，或者和你脑海中在组织方式或功能上风格类似的网站。请三位测试参与者过来，看他们在一两个竞争性网站上进行几个关键任务，你就会了解到很多，哪些地方效果好，哪些地方效果不好，到此为止，还完全不需要设计或建造任何东西。

如果你是在重新设计一个现有网站，那么就更需要在开始之前进行测试了，这样你就能知道现有的设计哪些地方有问题（这些地方需要改变），哪些地方效果很好（这些部分需要保留）。

然后，在整个项目过程中，持续对团队产出的任何东西进行测试，从你们最开始勾勒的草图，到线框图、页面排版、界面原型，还有最后的实际网页。

怎样选择测试任务

在每次测试中，你需要准备一些测试任务：也就是测试参与者在测试中要做的事。

这些测试任务部分取决于你们现在需要测试什么。如果只有一些勾画的草图，那么测试任务可能就是简单地让他们看看，并请他们告诉你他们认为这些图表达的是什么。

如果比草图更详细，那么，可以列出一个人们应该能够在上面进行的活动清单，例如，如果你们准备测试的是一个登录过程的界面原型，那么测试任务可能是：

创建一个新的用户账户

用已有的用户名和密码登录

找回密码

找回用户名

为密保问题更改答案

为这段测试时间（在一个小时的测试里，大约有35分钟的时间用在测试任务上）准备足够的任务，记住，有些人总是会完成得比你预计的要快一些。

然后为这些任务选择合适的措辞，这样，让参与者们能准确理解你希望他们做什么，需要在任务描述里包含任何他们需要但还不具备的信息，例如，你想让他们用一个演示账户登录，那么需要准备登录需要的信息，例如：

你已经有一个账户了，用户名是 delphi21，密码是 correcthorsebatterystaple，你经常在所有的网站设置同样的密保问题答案，而你刚刚发现这不是个好方法，你想给这个账户更改一下密保问题的答案。

对于同样的测试任务，如果可以允许测试参与者自己决定一部分细节，那么你通常可以得到更有意思的结果。例如，"找到一本你想买的书"或者"找到一本你最近购买的书"会比"找到一本14美元以下的书"要好得多。这样会引入他们自己的情感，并且可以让他们更多地用上他们自己对这些内容的理解。

测试过程中会发生什么

你可以下载一份我用来进行网站可用性测试的脚本（或者，一个稍微有点区别的移动应用版本），地址为：rocketsurgerymadeeasy.com。我推荐你"一字一句"地读这份脚本，因为脚本中的用词都是精心选择过的。

一个典型的一个小时测试应该包括以下几个部分。

- **欢迎部分**（约4分钟），开始测试，并介绍测试接下来如何进行，让测试参与者有些心理准备。

- **提问部分**（约 2 分钟），接下来可以问参与者几个和他们有关的问题，这样可以帮助他们放松下来，你也可以借此机会了解他们是不是计算机高手，或者上网高手。

- **主页"观光"**（约 3 分钟），然后你会打开测试网站的主页，请测试参与者四处看看，并且告诉你他们看到了些什么，你就会知道你们的网站主页理解起来有多容易，以及测试参与者有多了解网站所在的领域。

- **任务测试**（约 35 分钟），这是测试的核心部分：观看参与者试着执行一系列任务（或者在某些情况下，只有一个很长的任务），再次提醒一下，你的工作是让测试参与者一直停留在测试任务上，并让他们把自己当时的想法说出来。

如果测试参与者开始停下来，不再说话的时候，可以这样：先等一会儿——然后提醒一句："你在想什么？"（为了不至于太单调，你也可以这么说："你在找什么？"或者"你在做什么？"）。

在测试的这个部分里，让测试参与者自己进行这些测试任务很重要，不要做任何事或者说任何话去影响他们。不要询问他们引导性的问题，也不要为他们提供任何线索和协助，除非他们已经完全被困住了或者已经绝望了。如果他们向你寻求帮助，可以这么说："如果我不在这儿，你会怎么办？"

- **问题探查**（约 5 分钟），测试任务结束之后，你可以就测试中发生的任何事情向测试参与者提问，还可以提出那些观察室成员希望你问的问题。

- **结束部分**（约 5 分钟），最后，你应该感谢测试参与者前来参加测试，付给他们报酬，并把他们送出门。

一个测试过程实例

下面是一个典型的——不过是虚构的——测试过程摘选，并带有注释。这个网站是真实的，但它现在已经重新设计过了。参加测试的人叫 Janice，25 岁左右。

介绍

你好，Janice，我是 Steve Krug，我会和你一起进行这个测试。在开始之前，我要给你介绍一下，我会一字一句地读给你听，来确定不会遗漏什么信息。

我会逐字逐句地把这份我在进行可用性测试时用的"台词"读出来。

你可能已经知道了，不过还是让我来解释一下为什么今天我们让你来这里。我们正在测试一个开发中的网站，因此想看看真正有人使用它的时候会是什么样子。这个过程大概会花一个小时。

你可以从 rocketsurgerymadeeasy.com 下载一份脚本。

我现在要明确的是，我们在测试这个网站，不是你本人，在这里你不会犯什么错误，实际上，这是一个你完全没必要担心自己会出错的地方。

我们想知道你是怎么想的，所以请别担心会伤害到我们的感情。我们想要改进这个网站，因此我们想知道你真实的想法。

一会儿我们进行测试的时候，我会请你把心理活动说出来，告诉我们你是怎么想的，这样会对我们有很大帮助。

如果你有问题，就问好了。我也许不能马上回答这些问题，因为我们想知道没有别人在旁边的时候，人们会怎么做，但是测试结束以后，我会想办法回答任何你还不明白的问题。

提到这些很重要，因为在进行过程中不回答他们的问题看起来很不礼貌。请在开始之前说清楚：1）这并不是针对他们个人的测试，也不用担心会伤害其他人的感情；2）如果测试结束以后他们还有疑问，你要尽量回答这些问题。

如果在测试过程中你想休息一下，可以告诉我。

你可能注意到了这个麦克风，如果你同意，我们将把计算机屏幕和你所说的话录下来。这些录像只会用来让我们找出改进网站的方法，不会被这个项目之外的人看到。它也会帮到我，因为这样我就不用做笔记了。

这个时候，大部分人都会这么说："我该不会上到笑笑小电影那样的节目吧？"

在另一个房间，还有一些 Web 设计团队的人也在看这个过程（不过他们看不见我们，只能看见屏幕）。

如果你愿意，可以签一下这份简单的许可声明吗？它只是说我们得到你的许可进行录制，但只会让本项目的相关人员看到这些资料。

把豁免和录制许可声明（如果需要）拿给对方签字。

你有什么问题要问吗？

你同样可以在这里找到这份声明表格、其他一些有用的文档和一些检查清单（checklist）：rocketsurgerymadeeasy.com。

不，没有问题了。

背景问题

在我们测试网站之前，我想问你几个问题，第一个问题是：你的职业是什么？也就是你平时的工作？

分单员。

我从来没听说过呢，分单员具体做些什么的呢？

其实没什么，我收取进来的订单，送到合适的办公室去。我们是一个大型跨国公司，所以有很多事情需要安排。

好的。现在，大概说说你每个星期会花多长时间上网，包括浏览网页和收发邮件。只要大概估计一下就可以了。

噢，这个我不知道，也许在工作的时候每天四个小时，在家的时候一周八个小时。大部分时间是在周末。晚上太累了。但是有时候喜欢玩一会儿游戏。

收发邮件和浏览网页之间大概是什么比例呢？

嗯，在办公室我大部分时间都花在收发邮件上，我会收到很多电子邮件，其中一大部分是垃圾邮件，但我也得过一遍。我估计大概用三分之二的时间收发邮件，三分之一的时间上网。

上网的时候大概会浏览哪些类别的网站呢？

上班的时候，绝大部分时间在访问公司的内部网，以及一些竞争对手的网站。在家里，主要是游戏网站和购物类网站。

你有什么特别喜欢的网站吗？

噢，Google，当然，我总是在用它。还有一个叫做 Snakes.com 的网站，因为我养了一条宠物蛇。

真的？是哪种蛇呢？

一条蟒蛇。它现在大约四英尺长，完全长大以后会有八到九英尺那么长。

哇！真好。我们的问题问完了，下面可以开始测试了。

好的。

我发现，开始提几个问题来了解一下他们是什么样的人，平时如何使用网络比较好。他们可以松一口气，也会觉得你在认真倾听他们所说的话，而且这些都是无所谓对错的答案。

不要害怕承认你不知道的地方。你的角色不是作为一个专家，而是一位好的倾听者。

注意，她不太确定自己花了多少时间上网。大部分人都不清楚。别担心，在这里答案准不准确并不重要。这里的关键是让她说话，并想想她是怎样使用网络的，大致估算一下她是哪种用户。

别怕跑题，可以多了解一下用户，只要你能及时回到主题就行。

主页观光

首先，我要请你看看这个页面，然后告诉我你认为它是什么：是什么让你这么觉得，你认为这是谁的网站，你能在这里做什么，这个网站是做什么的。就是上下看看，并叙述一下。

你可以滚动屏幕，不过请先不要点击。

之前浏览器已经打开了，不过刚才显示的是 Google，页面上没什么其他可以看的。

现在我移动鼠标，在一个新的标签页里打开要测试的网站主页，并把鼠标交给参与者。

在一般的测试当中，有可能下一个用户会说她讨厌这种橙色渐变，以及图片笔法太单调。不必对这些个人审美反应太过激动。

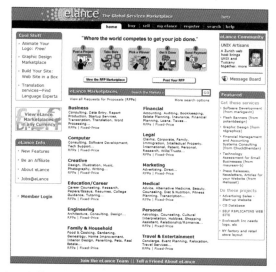

嗯，我想我注意到的第一点是我喜欢这个颜色。我喜欢这种橙色的渐变，也喜欢这个小太阳的图片（就是在页面上端，eLance 图标当中）。

我来看看。（读出来）"The global services market"，"Where the world competes to get your job done"。

我不知道这是什么意思，完全不明白。

"Animate your logo: free"（看着左边的 Cool Stuff 栏目），"Graphic design marketplace"，"View the RFP marketplace"，"eLance marketplaces"。

主页观光

这里有很多东西，但我一个都不明白。

如果你不得不猜一下，那么你认为它会是什么？

嗯，它似乎跟买入卖出……某种东西有关。

（再次打量页面）当我看到下面这些列表（Yahoo 风格的类别列表，在页面的下半部分），我猜想这可能是一些服务，法律、金融、创意……它们看起来都像是服务。

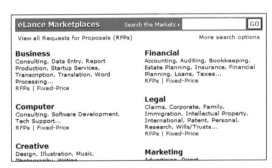

所以我猜想这是在买入和售出服务，也许像某些在线黄页那样。

好的，现在如果你觉得熟悉了一些，那么会先点击什么呢？

我想我会点击那个图形设计（Graphic design）一样的东西，我对图形设计感兴趣。

这位用户在说出想法方面做得很好。否则，我就该问她了："你在想什么？"

任务测试

好，现在我们来完成一些具体的测试任务。

还是跟刚才一样，麻烦你尽可能一边操作一边把你的想法说出来，这样会对我们很有帮助。

你可以想想看，有什么你需要的服务，可以让这个网站来帮助你吗？

嗯，让我想想看。我想我在什么地方看见了"Home Improvement"（家居改善）。我们正打算建一个平台，也许可以在这里找到某个人帮我们完成。

那么如果你打算找人来帮你们建一个平台，你会先做什么？

我想我得点击下面这里的类别，我想我看见了"Home Improvement"（家居改善），（寻找）在这里，在"Family and Household"（家居）下面。

那么你会怎么做？

那么，我得点击……（看着"Family and Household"下面的两个链接在犹豫。）

> **Family & Household**
> Food & Cooking, Gardening,
> Genealogy, Home Improvement,
> Interior Design, Parenting, Pets, Real
> Estate...
> RFPs | Fixed-Price

嗯，我现在不太肯定怎么办。我不能点击"Home Improvement"，那么似乎我应该点击"RFPs"或者"Fixed-Price"，但是我不知道这两个有什么区别。

Fixed-Price 我有点明白，他们会给我一份报价，然后他们会坚持这个价格，但我不太肯定 RFPs 是什么。

那么，你觉得你会点击哪个？

Fixed-Price，我想。

点它试试看？

現在我让她执行一项任务，这样我们就能看到她是不是能够按照网站的设计意图来使用。

只要有可能，尽量让用户在选择任务的时候说点什么。

如同它所证明的那样，她弄错了。Fixed-Price 在这里指的是每小时固定收费的服务，而 RFPs（Request for Proposal，招标）才是真正需要报价的。这样的误解常常让建立网站的人非常吃惊。

从这个时候起，我只是看着她试图提交一个项目，让她继续进行，直到1）她完成了这个任务；2）她完全绝望了；3）我们在看着她勉强应付的过程中没有什么新的发现为止。

我会再给她 3 ~ 4 项任务，这些任务加起来不超过 45 分钟。

问题探查

现在我们已经完成了测试任务，这里我还有一些问题想问问你。

这些靠近页面顶部的图片怎么样——就是这些有数字的图片？你觉得它们是做什么的？

我注意到了，但我真的不想去弄清楚它们是做什么的。我想它们是在告诉我这个过程中的几个步骤。

为什么你没有多注意一下它们呢？

不，我想我只是还没准备好开始这个过程。我不知道自己是否想要使用它，我只想先到处看看。

OK，好极了。

当参与者在进行测试任务的时候，我会小心翼翼，不提出引导性的问题，因为我不想影响她。

但我通常会在最后留出一点时间，专门用来询问探查性的问题，这样可以知道到底发生了些什么，是些什么原因。

在这个例子里，我这么问是因为这个网站的设计者们认为大部分用户都会从点击这五个步骤中的图片开始，至少每个人都会看看它们。

对于我们的 DIY 可用性测试来说，这就是全部内容了。

如果你想看到一个更完整的测试过程，可以在我的网站上找到一份 20 分钟的视频，登录 rocketsurgerymadeeasy.com，点击"Demo test video"（测试视频样例）就可以了。

典型问题

下面有几种测试中最有可能遇到的问题：

- **用户不清楚概念。**他们就是不理解。他们看着网站或者页面，要么不知道它们说的是什么，要么他们以为自己知道，但是错了。

- **他们找不到自己要找的字眼。**这一点通常意味着，要么你们对他们要找什么的预测是错误的，或者你们所用的词汇和他们所用的不同。

- **内容太多了**。有时候他们要找的就在页面上，但他们就是看不到。在这种情况下，你需要：1）减少页面上的整体干扰；2）把他们需要看到的内容设置得更加醒目，让它们在可视层次结构中更加突出。

总结会：决定修复哪些问题

在每轮测试之后，你应该尽快让开发团队回顾每个人的观察，决定接下来修复哪些问题，如何修复。

我建议你在测试之后的午餐时间举行总结会，这个时候每位观察者对测试仍然记忆犹新（别忘了从贵一点的比萨店订一些好吃的比萨来吸引人们参加）。

不管什么时候进行测试，你的目标几乎都是找出一些最严重的可用性问题。不幸的是，它们往往不是最后得到修复的那些。例如，人们通常会说："是的，那确实是一个问题，但是那个功能马上就要修改了，我们可以留到那时候再说。"或者面临修复一个严重问题还是一堆简单问题的选择之下，他们选择了容易的那些。

这就是为什么哪怕在一些大型的，资金雄厚的网站，你也会遇到一些严重的可用性问题的原因，也是我在 Rocket Surgery 这本书里有以下这条原则的原因：

最严重的问题最先修复

下面是我喜欢采用的方法，来确保能做到这一点，不过你也可以使用你们团队适用的方式。

- **收集一份问题列表**。在房间里转一圈，让每个人都有机会说说他们觉得最严重的 3 个问题（他们每个人写下了 9 个问题，每场测试 3 个）。把这些问题写在白板上，或者架纸板上。通常有很多人对一些问题会说"我也是"，对这些问题你可以打勾（或者画"正"字）进行标记。

这个过程中没有讨论，你只是把问题列出来。而且它们必须是"观察到"的问题，也就是那些测试过程中发生过的问题。

- **选择 10 个最严重的问题**。可以进行非正式的投票，不过也可以从刚才标记次数最多的问题开始。

- **问题评级**。对它们从一到十进行评级，一是最严重的，然后把这些问题重新写到一个新的列表，把最严重的问题列在最上面，还有，别忘了在每个问题之间留一些空白。

- **建立一份排序列表**。从最上面的问题开始，对每个问题在下个月准备怎么修复，写下一些粗略的想法，谁负责修复，以及需要什么资源。

并不需要对每个问题都进行完美修复，或者甚至不用完全修复。只需要采取一些行动（通常是一些调整）把它移出这份"最严重问题"列表就可以了。

当你觉得已经把下个月用来修复这些可用性问题的时间和资源都排满了的时候，就停下来。现在，你已经达到了这次可用性测试的目标。现在，大家已经决定了哪些地方需要修复，并对修复工作进行了承诺。

关于决定修复什么，不修复什么，下面有一些小建议。

- **对那些"够得着的果子"，建立另一份清单**。你也可以再对那些不严重，但是非常容易修复的问题建立一份列表。什么是"非常容易"，我的意思是一个人可以在一个小时内完成，而且不需要得到任何不在总结会现场人员指示的情况下完成的那些问题。

- **抵制添加的冲动**。当在测试中清楚地看到人们没有理解某些内容时，大部分人的第一反应是增加一些东西，例如一些注释或一些指导说明。而往往，正确的解决方案是拿走某个（或一些）让人混淆的东西，而不是增加另一些干扰。

- **不要太看重人们对新功能的要求**。人们常常说："如果它能做 × × 就更好了。"这样的说法常常被看作在要求新的功能。我发现，如果你在探查时间仔细询问那个功能到底是什么样的时候，常常会发现，他们描述完之后，一般会说"但是我仔细想过之后，觉得很可能不会这么做"。测试参与者不是设计师，他们可能偶尔会提出一个很好的想法，但是如果确实是一个很好的想法，你会在第一时间反应过来，因为你会马上想到："为什么我们没早点想到这一点？！"

- **忽略"Kayak（皮划艇）"问题**。无论在什么测试中，你都可能会遇到几次这样的情况：用户暂时出现错误，然后又在不需要任何帮助的情况下回到原来的轨道。这就像划皮划艇时翻船一样，只要皮划艇及时恢复正常，就只是一种乐趣而已。用篮球比赛的术语来说，没有伤人，不算犯规。

只要：1）出现问题的人马上发现自己偏离了原来的主题；2）他们尽量回到原来的方向而不需要帮助；3）这种情况看起来并没有扰乱他们的活动，你就可以忽略这些。总的来说，如果用户的第二次猜测总是对的，就已经可以了。

其他选择

这里还有其他两种测试方法。

- **远程测试**。它和我们所说的可用性测试的主要区别是，用户不会来到你们的办公室，而是在他们的家里或办公室进行测试，通过屏幕共享让你看到。因为不需要路上的劳顿，这样要找到那些忙碌的参与者们就容易多了，而且，更可喜可贺的是，这样可以把你的招募范围从"你们办公室附近的人"扩大到"几乎任何人"。他们只需要有高速网络和一个麦克风就够了。

- **无人主持的远程测试**。像 UserTesting.com 这样的服务可以提供一些自己在可用性测试时进行录制的参与者。你只需要把测试任务和网站 / 界面原型 / 移动应用的地址发过去，在一个小时之内（平均时间），你就可以看到一份录像，某位参与者用边做边说的方法在完成你的测试任务。虽然不能实时和测试参与者进行交互，但这样会比较便宜，也几乎不需要花费任何精力（特别是在寻找参与者方面）。你只需要观看视频就可以了。

试试，你会爱上它的

不管用什么方法，放手去试试吧，我可以保证，只要你去做，你就会想坚持做下去。

这里还有几个建议，帮你应对任何可能遇到的反对意见。

前五个不进行网站可用性测试的错误理由	
我们没有时间。	确实，大部分 Web 开发计划似乎都来自呆伯特漫画里面的笑料。如果需要把测试加到每个人的 to-do 清单里，如果你需要根据测试调整开发计划，那么将会无法进行。因此，你必须让测试尽可能简单。 做得好，它能节约时间，因为它可以避免：1）无休止的争论；2）最后重做。
我们没有钱。	忘了什么 5 000 ~ 10 000 美元的事吧。每次测试只需要花上几百美元，甚至还会更少，如果测试参与者是志愿者。
我们没有专业知识。	关于可用性少有人知的是它容易得令人难以置信。是的，有些人会比另一些人做得更好，但是我从来没见过一次可用性测试没有产生有用结果的，不管它进行得有多糟糕。
我们没有可用性实验室。	不需要。 你真正需要的是一个不被打扰的房间，一张桌子、一台电脑、两把椅子，以及另一个房间，让观察者们可以通过大屏幕观看。
我们不知道该怎么解读测试结果。	可用性测试最有意思的是，对每个在一旁观察的人来说，重要的教训都很明显。最严重的那些问题无所遁形。

大的方面和外界影响

第 10 章

移动：不再只是亚拉巴马州的一个城市了

欢迎来到 21 世纪——你可能会感觉到有点眩晕

（大喊）惊人的宇宙威力！

（小声嘀咕）住的地方可真是够小的！

——罗宾·威廉姆斯给《阿拉丁》里的精灵配音，

评价精灵生活方式的好处和坏处

啊哈，智能手机。

这些年来，手机一直在变得越来越智能，它们聚集在抽屉里，密谋策划着些什么。不过，直到那场划时代的进步[○]到来，它们才完全清醒过来。

对于这种小巧的，浪费时间的霸主，我是它们的热情欢迎者。我知道曾经有一段时间，我的口袋里并没有一个强大的，能上网的触摸屏计算机，不过，我已经越来越想不起来那个时候的生活是什么样子了。

当然，这同时也是移动互联网最终成型的时代。以前确实有过手机上的网络浏览器，但是，用技术术语来说，它们糟糕透了。

问题一直在于（就像精灵贴切地说出来的那样）它们的空间实在是够小的。移动设备的意思就是局促的设备，要把 A4 纸那么大的网页内容强行显示到邮票那么小的屏幕上。以前曾经有过很多尝试性的解决方案，甚至有人专门制作了网站的移动版本（还记得按数字键去选择用数字编号的菜单项吗？），和往常一样，早期的设计师们和那些确实需要某些数据的人都在勉强应付。

但是苹果结合了更多的计算机优势（放在让人喜欢、轻薄、优雅的包装里——为什么人们这么想要轻和薄呢？），它有一个精心打造的浏览界面。苹果的最伟大发明之一就是让屏幕滚动（往上和往下滑动）和缩放（双点捏夹）起来特别快（而就是这个特别快的特点——硬件的响应性——让它变得非常有用）。

　　○　指的是 2007 年 6 月 iPhone 的发布。

前所未有的时刻到了，网络变得非常好玩，它就在你一直随身携带的小设备上。再加上电池能持续用上一整天，你现在可以在任何时候任何地方查看任何内容了。

这真是一种沧海桑田式的变化。

当然，不光是网络。只要想想这种智能手机能让你在口袋里或者钱包里拥有多少东西：一个相机（可以照相，还可以录制视频，而且，对于很多人来说，还是他们手里最好的那个），一个附带全世界地图的 GPS，一块手表，一个闹钟，你全部的照片和音乐，等等。

这是真的，你最好的相机就是身上带着的那个。

再想想，在那些新崛起的国家里，绝大部分人以同一种方式越过了地平线，直接进入了手机时代，智能手机就是他们的第一台（也是唯一的一台）电脑。

不可否认的是，移动设备确实是未来的浪潮，除了不能提供那些需要超级马力的应用（例如专业的视频编辑，至少现在是这样）或者需要大屏幕的软件（Photoshop 或 CAD 软件）之外。

区别在哪里呢

那么，当你在移动设备上进行设计的时候，可用性方面的区别在哪里呢？

从某种意义上来说，区别不大。最基本的可用性原则还是一样，如果有什么变化，那就是，在小屏幕上，人们现在移动得更快了，阅读量也变小了。

不过，移动确实带来一些重大的区别，使得一些新的可用性问题更富有挑战了。

在我写作这本书的时候，很多方面，移动网络和移动应用的设计还处在关键的"狂野西部"时代。还需要一些年头才能尘埃落定，也可能是在等待一些革新来让整个周期重新开始。

我要做的，就是告诉你一些我确定不会有什么改变的地方。第一个就是……

"App" | xkcd.com

一切都是妥协

有一种方式看待设计——任何类别的设计，那就是，它的本质就是处理各种约束（那些你必须遵从的和不能去做的地方）和妥协（那些为了服从约束而作出的不够理想的选择）。

用林肯的话说，你能做到的最好的方式就是在某些时候取悦某些人。[⊖]

有一种成熟的主张认为，约束，与其说它们是一种负面的因素，还不如说它们实际上会让设计变得更容易，也会催生出新的创意。

的确，约束常常会帮助我们。如果需要适合放在给定的空间里，同时还需要符合给定的配色方案，实际上往往会让我们更容易找到一张这样的沙发，而不是漫无目的地寻找某张沙发。确定了某些约束会有种让注意力聚焦的效果，而一张有无限可能的空白画布——虽然它听起来是一种解放——但可能会带来想法瘫痪。

你可能还接受不了约束会带来正面影响这个想法，不过其实约束确实问题不大：任何时候进行设计，你都需要面对约束。而且只要有约束，就会有妥协。

从我的经验来看，很多严重（如果不是绝大部分）的可用性问题都源于对某个妥协的糟糕决定。

⊖　他确实说过这样的话："你可以在所有时间欺骗一些人，或者在某些时间欺骗所有人，但你不可能在所有时间欺骗所有人。"我从互联网上学到的一件事是，如果看到某些名人名言，有92% 的几率他们从没说过这些话。参见 en.wikiquote.org/wiki/Abraham_Lincoln。

例如，我不会在我的 iPhone 上查看 CBS 的新闻。

经过一段时间的尝试，我发现他们的新闻故事划分成了很多太小（对于我来说）的段落，而每个小段都需要很长时间来载入（如果页面载入再快一点，我可能不会介意这个）。而且，雪上加霜的是，在每个新的页面上，你都需要向下滚动，去跳过同一张已经看过的图片，去读那一丁点儿可怜的文字内容。

下面可以看到这样的体验：

轻点打开新闻故事，然后开始等待，等待，再等待。

等页面终于载入了之后，开始往下滑动，跳过图片。

开始阅读两小段文字信息，然后轻点"Next"，开始等待，再等待。

不断重复第二步，直到读完整个故事为止。

所以，当我查看 Google 新闻（我每天都会去看好几遍）的时候，如果发现新闻内容是来自 CBS 的，我会很恼火，通常我会去点击 Google 的"More Stories"（更多新闻故事）链接去选择别的新闻网站。

当我遇到这样的问题时，我知道，这并不是因为设计它的人没有考虑过这一点。事实上，我很肯定这个问题曾经经历了激烈的争辩，在妥协之后，出现了这样的结果。

我不知道作用在这项具体妥协之上的约束是什么。由于页面上有一些广告，可能网站希望多产生一些 PV 值（Page View，页面访问量）。又或者可能跟他们公司在内容管理系统里的内容分割方式有关系。当然我完全不知道是些什么原因。我只知道他们所做出的决定并没有充分考虑良好的用户体验。

所以，要达到良好的移动可用性，绝大多数的挑战最终归结为做出良好的设计妥协。

狭小空间的苛刻

很显然，移动设备的屏幕都很小。几十年以来，我们都在为较小的屏幕设计，虽然这些屏幕对当今的网站设计师来说都很小，不过对于当今的（移动）标准尺寸来说已经很奢侈了。而且甚至在那个时候，设计师们已经在想方设法把内容塞进去了。

但是如果你以前已经觉得首页地产非常宝贵，那么现在把那些东西全都放到移动网站上试试。所以说，现在注定要做出很多新的妥协。

一种方式是去掉一些内容：创建一个移动网站，让它成为原来网站的子集。当然，这样又引出了一个棘手的问题：把哪些内容去掉？

一个办法是先移动起来。与其在一开始就设计一个全功能（同时可能很臃肿）的网站版本，然后再进行修剪来创建移动版本，不如先设计一个移动版本，把那些对用户最重要的功能和内容放进去，然后再往上添加新的功能和内容，来创建网站的桌面／完全版。

这实在是个好主意，除了一点，先建立移动版本意味着你需要费尽心思去确定哪些是核心部分，是人们最需要的。这么做总归是好事。

但是有些人把它理解为你应该根据人们在移动的时候想要做什么来进行选择。这样就是假设当人们访问移动网站的时候，是在他们"移动"的时候，而不是坐在桌前的时候，所以他们只需要那些"移动"的时候才会用到的功能。例如，你可能想要在外出购物的时候查看账户余额，但你并不需要对支票进行对账，或者建立一个新的账户。

当然，事实证明这是不对的。人们就是会坐在家里的沙发上使用他们的移动设备，而且他们想要（而且期待）能做任何事情。或者至少，每个人都想做一些事情，然后你把它们加起来就变成了任何事情。

如果你想把任何事情都放进去，你需要特别注意优先级排序。

那些我需要立刻完成的或者经常重复的事情应该一眼就能看到。而其他的事情应该轻点几下就能完成，同时也应该有显而易见的路径到达这些地方。

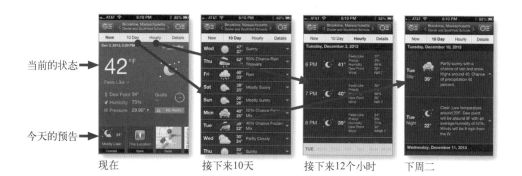

当前的状态 ←

今天的预告 ←

现在　　　　　　　接下来10天　　　　接下来12个小时　　下周二

在某些情况下，每个屏幕上的空间不足意味着移动网站比他们的常规网站版本层次更深，所以你需要向下轻点 3 个，4 个，甚至 5 个层级才能使用某些功能或者看到某些内容。

也就是说人们需要多点几次，不过这样也没问题。在小屏幕上这样在所难免：要看到同样多的内容，你要么多点触，要么多滑动。只要用户一直对他们想要的东西在屏幕下面或者链接 / 按钮后面保持自信，他们就会继续操作。

不过，也要记住：

　　管理屏幕空间的挑战不应该以牺牲可用性为代价。⊖

变色龙的繁育

一份设计适应所有的屏幕尺寸，那诱人的歌声长久以来带给我们的是光明的希望，破碎的承诺，以及疲于奔命的设计师和开发人员。

关于可伸缩的设计（包括动态布局、流式设计、自适应设计，以及响应式设计），只有两点我能告诉你们的，那就是：

- 非常烦琐

⊖　感谢 Manikandan Baluchamy 提供了这则格言。

- 难以完善

在过去，可伸缩的设计——为网站创建一个版本，让它适合显示在各种尺寸的屏幕上——确实是一种选择。它看起来是个不错的想法，但是实际上很少有人真的在意。但是现在小屏幕来了，每个人都开始在意了：如果你有一个网站，你必须让它在任何屏幕尺寸下可用。

长期以来，开发人员已经知道，为任何东西建立多个独立的版本（例如，同样的书籍列表保存两份）必定会让人抓狂。那意味着（至少）双倍的劳动，还有，能肯定的是，两边都不会以同等频率更新或者版本会失去同步。

这个问题还在解决之中。这一次，这个问题关系到真正的收入问题，所以一定会有相应的技术解决方案，但是它需要时间。

同时，有以下三条建议。

- **允许缩放**。如果没有资源让你的网站"移动"起来，同时也没有使用响应式设计，你至少应该确定你的网站不会抗拒来自移动设备的访问。没有什么比在手机上打开一个网站，却发现文字极小无法放大再让人恼火的了（嗯，确实还有一些问题比这还恼人，不过光这一点就已经够恼人的了）。

- **不要让我站在门口**。又一个真正的困扰：你轻点了邮件里或者社交网站上的一个链接之后，没有把你带到目的地，而是把你带到了移动网站的首页，把你留在那里自己慢慢寻找。

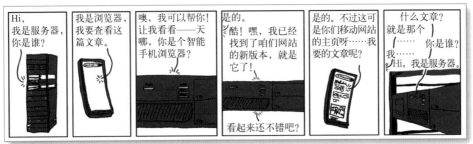

服务器注意力时间间隔 | xkcd.com

● **永远记得提供一个到"全内容"网站的链接。** 不管你的移动网站有多了不起有多完善，你还是需要给用户提供浏览非移动网站的选择，特别是如果那边有一些特性或者内容在你的移动网站上没有的情况下（目前的惯例是在每个页面底端放上一个移动网站/全内容网站的切换方式）。

在很多情况下，人们都想通过移动设备的小屏幕进行放大和缩小，去访问那些常用的或者当时需要用的功能特性。而且，还有些人想要用 7 英寸的平板电脑去访问桌面网站的内容，他们用高分辨率的屏幕水平浏览。

不要把你的提示藏在后面

提示就是一些视觉上的线索，建议我们如何使用。（我在第 3 章中提到过它们，还记得唐·诺曼先生的书和他所说的门把手吗？是他在 1988 年出版的《 The Design of Everyday Things 》（《设计心理学》）第 1 版炒热了这个词，然后设计界开始广为使用。[○]）

提示是可视化用户界面上的基本元素。例如，一些按钮的三维样式使得它们很明显可以点击。作为信息的"气味"，链接也是一样，可视化的暗示越明显，给出的信号就越准确无误。

同样，一个有边框的矩形表示你可以点击它并进行输入。如果你的文本输入框没有边框，用户还是可以点击并进行输入，前提是他知道可在此输入。添加边框这个提示能让

　　○　书名：《 The Design of Everyday Things 》（中文译名《设计心理学》）。不幸的是，他们使用的方式和作者的意图并不一样。作者在该书的新版本中进行了澄清并建议把它们叫做 signifiers（信号），但是可能他把这个精灵放回到瓶子里已经太晚了。很抱歉，唐，在这里我还是想把它们叫做提示，因为：1）它现在仍然用得很广；2）如果不这样，我觉得太头疼了。

输入功能更加明显。

Name

Name   John Smi|

Name   [   ]

Name   [John Smi|]

要让提示有效工作，就需要引起用户注意，而移动设备的某些特性让它们变得不易被注意到，或者，更糟糕的是，完全不见了。从定义上来说，提示是最不应该隐藏的部分。

这并不是说所有的提示都应该直接堆在界面上。它们只需要足够明显，让人们在需要完成任务的时候能注意到就可以了。

没有光标＝没有悬停＝没有线索

在触摸屏到来之前，网站设计严重依赖一种叫做悬停的东西——当用户用光标停留在界面元素上，不用点击，它们就会以某种方式展现出变化的能力。

但是基于电容的触摸屏（现在用于几乎所有的移动设备）不能精确地感觉到手指正停留在界面元素上，而只有在触摸到的时候才能感应到。这就是它们没有光标的原因。[⊖]

结果就是，很多有赖于悬停的有用的界面特性再也不能使用了，例如：工具提示，变化颜色或形状的按钮来表示它们可以点击，还有悬停下拉显示内容而无须点击的菜单。

作为一名设计师，你需要意识到这些元素对于移动用户来说已经不复存在了，需要找到别的方式来取代它们。

⊖　你有没有意识到光标不见了？我得承认，我用了第一部 iPhone 好几个月，才突然想起来它没有光标。

扁平化设计：朋友还是敌人

提示需要进行视觉区分。但是目前界面设计的最新潮流（可能当你阅读本书时已经不一样了）已经转移到了完全相反的方向：去掉这些视觉区别，并且"扁平化"界面元素的外观。

这种效果看起来出奇好看（对于一些人来说，不管怎样），而且也能让屏幕看起来更整洁，但是付出了怎样的代价？

在这里，妥协发生在这两者之间：一方面是干净整洁的外观，另一方面是提供充分的视觉信息让用户能察觉到那些提示。

不幸的是，扁平化设计倾向于在使用那些潜在的整齐的装饰的同时，还会加上一些有用的信息，例如那些有底纹的元素展示的那样。

I'M A HEADING

I'M A BUTTON

我是一个按钮　　　　我不是

因为需要吸引注意力，为提示提供的细微区别经常需要是多方位的：用它的位置（例如在导航条上），它的样式（例如，反白、全部大写）来告诉你它是一个菜单项。

通过从设计中去掉这些细微的区别，扁平化设计让人们难以辨认这些东西。

扁平化设计把房间里弄得乌烟瘴气。这让我想起了我最喜欢的《卡尔文和霍布斯》卡通漫画里"最喜欢的彩色世界前传"一节（漫画的另一半在第 13 章的最后）。

《卡尔文和霍布斯》于 1989 年由 Bill Watterson 创作。引用获得 UNIVERSAL UCLICK 公司许可，保留一切权利。

你可以尽可能地进行扁平化设计（也许你不得不，可能这个要求会强加于你），但是请确定你还在使用所有余下的线索来补偿所失去的那些。

实际上，可能会太过富余，或者严重不足

没有人会嫌电脑速度太快。特别是移动设备，速度会让一切锦上添花。速度慢会给用户带来挫败感，影响公司的信誉。

例如，我很看重 AP（Associated Press，美联社）移动应用的重大新闻提醒。我经常从他们那里得到第一手的重大新闻故事。

不过，对于美联社来说，不幸的是，不管什么时候我轻点他们的提醒，应用都坚持在显示关于该新闻提示的任何细节之前，去载入其他头条新闻的大量图片。

结果，我养成了一个新的习惯：当收到美联社的新闻提示以后，我会立刻打开纽约时报或者 Google 新闻去看它们是不是已经跟上了这条新闻。

现在，我们都习惯了快速的网络连接，但我们要记得，移动下载速度是不稳定的。如果大家待在家里，或者坐在星巴克，下载速度可能会让人满意，但是一旦离开了 wifi 的舒适区，回到 4G 或者 3G 甚至更落后的空间，效果就会大不一样了。

小心你的响应式设计方案会因为大量的代码和对于用户屏幕来说过大而没必要的图片，不能及时载入页面。

关于移动应用的可用性属性

你可能还记得之前我提到过，我会在后面讲述一些大家在可用性定义里的属性：有用，可学习、可记忆、有效、高效，合乎期望和让人快乐。嗯，现在，就是讲这个的时候了。

从个人角度，我总是把注意力放在对于我的可用性定义来说最核心的三个方面：

> 让一个有着平均能力和经验的人（甚至稍低于平均水平）能弄明白如何使用它（这说明它是可学习的）去完成某个任务（有效的），而不会遇到不必要的麻烦（高效的）。

我不会花过多的时间去考虑它们是否（有用），因为这对我来说更像一个市场问题，是在任何项目开始之前就应该采用一些方法如访谈、焦点小组和调查问卷，来确定的问题。是不是（合乎期望）看起来也像一个市场问题，我会在最后一章讲讲这一点。

现在，让我们看看让人快乐、学习能力和记忆能力，以及它们是如何应用到移动应用上的。

让人快乐是新的黑马

那么，究竟什么东西叫做"让人快乐"？

快乐有点难以确定，它更接近于那种"当我感觉到的时候我就知道了"的东西。与其给一个定义，还不如来看看人们在描述一个让人快乐的产品时所用的言辞，这样更容易理解，这些词包括：开心、惊喜、让人印象深刻、迷人的、聪明的，甚至魔法般的[⊖]。

让人快乐的应用通常来自和某个人们希望能实现但是没想过真的能实现的想法的结合，再加上一个明朗的想法，使用某些新技术来完成它。

SoundHound 就是一个完美的例子。

它不但可以识别出你在任何地方碰巧听到的某首歌，还可以显示歌词，并让歌词和歌曲同步滚动。

⊖　对于一个让人快乐的应用，我个人的标准是"完成一件你已经在炮烙刑柱上痛苦煎熬了几百年的事"。

Paper 也不是一般意义上的绘画应用。不是提供给你一大堆工具和成千上万个选项，你只有五个工具，没有选项。但每个工具都经过了优化，可以帮你创建出看起来很不错的画面。

把快乐加入移动应用里已经变得越来越重要了，因为应用市场的竞争已经越来越激烈了。只把某个任务做好已经不足以创建一个畅销应用，你必须把它做得超乎寻常的好。快乐就像是用户体验设计里的额外加分项目。

让你的应用为用户带来快乐是一个很好的目标。只是别把注意力都集中在这上面，而忘了让应用有用就好。

移动应用需要可学习

对于移动应用来说，可能最大的问题就是它们有太多的功能特性，所以很难学习。

以 Take Clear 为例，它是一个制作列表的移动应用，与 to-do 列表类似。它很聪明、创新、漂亮、实用，而且用起来也很有意思，有着一个干净的极简主义风格的界面。所有的交互都有着优雅的动画，以及精细的音效。一位评论家这样写道："用着它简直就像在玩弹球机一样，同时我还能保持工作效率。"

问题是，这么好玩的原因是他们用上了很多创新的交互、手势和导航，这些都需要学习。

对于绝大多数的应用来说，如果你能看到一些指示说明，那一般是在你刚打开应用的时候看到的那一两个屏幕，给你一些必要的提示让你知道这是怎么运行的。但是以后这些说明都很难找到，或者根本就不可能再找到了。

如果还有帮助（而且如果你还能找到），它们常常是一个简短的页面，甚至只是一个连到开发者网站的链接，而且在网站上找不到任何帮助，或者是到客户支持页面，给你一个邮件地址，让你把你的问题发过去。

这些对于那些功能特性有限的应用来说是可以的，但是一旦你试图创建某个包含很多功能的应用——特别是应用中的某些功能并不符合常见的习惯用法或者界面指南——它们往往就不够了。

和绝大多数其他应用相比，Clear 的开发厂商确实在培训上做得很好。在你第一次使用它的时候，会看到一份由 10 个屏幕组成的快速演示，告诉你应用的主要功能是怎么操作的。

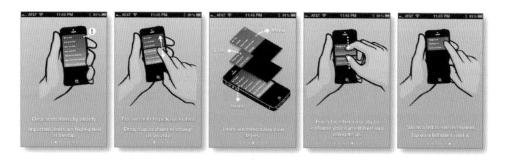

接下来是一份精致的手册，这里显示的还只是它们的列表。

列表中的每个项目都会告诉你可以尝试的某个东西，当你全部完成的时候，你已经练习使用了几乎所有的功能。

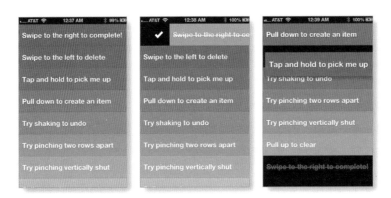

但是当我在讲座中用它来做可用性测试演示时，情况并没有这么乐观。

我让参与者／志愿者从应用商店阅读了描述说明来学习这个应用，观看了快速演示指引，并试用了帮助手册里的练习。然后我让他们去完成一些主要任务：创建一个叫做"芝加哥旅行"的新列表，并为它添加三个项目：预订酒店、租车和选择航班。

到目前为止，还没有人成功。

尽管已经在幻灯片里演示过了，人们好像就是没有理解应用里层次（Level）的概念：列表的层次，列表里各个项目的层次，还有设置的层次。还有，尽管他们记得曾经看到过，他们还是没搞清楚怎样在层次里导航。如果没搞清楚这个，就没法到达帮助屏幕，只能进入令人绝望的死循环。

这并不是说现实世界中没有人能学会如何使用它。它得到了赞誉有加的评价，也持续停留在畅销排行榜上，不过我还是很想知道到底有多少人购买了这个应用但从来没有掌握它的用法，又或者如果把它变得更容易学习一点，能对销售量有多大的帮助。

何况这还是一个对培训和帮助投入了很多精力的公司，绝大部分公司都做不到这一点。

你需要超越绝大多数应用，进行可用性测试将帮你找到出路。

应用也需要可记忆

还有另一个可用性属性也很重要：可记忆。一旦你弄清楚了如何使用这个应用，下次再尝试使用的时候你还记得吗？又或者还需要重新学习？

我一般不会刻意谈到可记忆性，因为我认为让一个东西重新学习起来很容易的方法就是让它们在一开始就超级清楚，容易学习。如果一开始就容易学习，那么第二次也会容易学习。

但是很明显，对于一些移动应用来说这个问题很严重。

我最喜欢的绘图应用之一是 ASketch。我喜欢这个应用，因为不管你想画什么，或者不管你画得多粗糙，它最后看起来都会非常有趣。

但是有好几个月，每次我打开它的时候都想不起来该怎么开始画一张新图。

事实上，我完全想不起来怎样去获得任何一个控件。为了最大化绘画空间，屏幕上没有任何图标。

我会尝试各种常用的选择：双点触摸，三点触摸，点触画面中间靠近顶部或底部的位置，最后我成功了。但是到了下次，我又不记得怎么触发这些控件了。

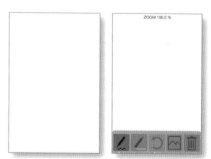

可记忆性可能是影响人们是否会经常使用这个应用的重要因素。通常当你刚购买一个应用的

时候，你愿意马上花些时间去看看怎么使用它。但是如果下次也不得不付出同样的精力，这就不太可能是一次满意的体验。除非你对它实在是印象深刻，不然你就会再也不用了——这也是绝大多数应用最终的宿命。

在移动设备上，它们很便宜（99 美分）。

移动设备上的可用性测试

对于这个关键环节，在移动设备上进行可用性测试和我在第 9 章描述的测试完全雷同。

你还是需要为测试参与者准备测试任务，然后观看他们如何完成。你也还是需要在他们进行的时候提醒他们说出当时在想些什么。你还是需要在绝大多数时间保持安静，把你想探询的问题留到最后。同样，最后让尽可能多的利益相关人过来亲自观看测试。

和常规的可用性不一样的地方不是它的过程，而是它的后勤工作。

移动测试的后勤工作

当你在个人计算机上进行测试的时候，环境设置非常简单：

- 主持人和测试参与者观看同一个屏幕；

- 屏幕共享软件可以让观察者们看到屏幕上的情况；

- 屏幕录制软件会把整个过程录下来。

但是如果你曾经尝试过在移动设备上进行测试，你就会知道环境设置变得异常复杂：文本摄像机、网络摄像机、硬件信号处理器、物理限制（好吧，可能不叫物理限制，而是"不要把移动设备移动到超过这个小点"的标记，让测试参与者保证自己待在摄像机的视角里），甚至还有一些叫做滑板和鹅颈管（可弯曲定型的金属管）的东西。

下面有一些需要考虑的问题：

- 你需要允许测试参与者使用他们自己的移动设备吗？

- 他们需要自然地拿着这些移动设备，还是它们会固定在桌面上或者支起来立在桌面上？

- 观察者们需要看到什么（例如，只看到屏幕，还是同时看到屏幕和测试参与者的手指，这样他们能看清楚当时的手势）？你将怎样把它们显示在观察室里？

- 怎样录像？

移动测试之所以这么复杂的一个主要原因就是，一些我们在桌面测试时赖以生存的工具在移动测试中并不存在。在写作这本书的时候，健壮的移动屏幕录制和屏幕共享应用还没有上市，可能主要是因为移动操作系统通常会禁止这些后台进程。而且这些移动设备也还没有足够的马力来运行它们。

我希望在不久的将来这一切都会改变。一来有那么多移动网站和移动应用需要测试，二来也已经有很多公司打算提供一些解决方案。

我的推荐

在更好的基于新技术的解决方案到来之前，下面是我的建议。

- **使用指向屏幕的摄像头而不是镜像技术**。镜像技术和屏幕共享技术一样：它会把屏幕上的内容显示出来。可以用一些软件来实现它（例如苹果公司的 Airplay），也可以用硬件（使用那种能把你手机上或者平板电脑上的视频显示到电视机上的电缆）。

但是，镜像并不是一种好的方式来观看在触摸屏设备上进行的测试，因为你看不到测试参与者的手势和他们的触点。观看测试但看不到测试参与者的手指，有点像观看一位选手弹钢琴：它移动得特别快，很难跟得上。同时看到手的动作和屏幕明显要有意思得多。

如果你打算捕捉手指动作，必须准备一个摄像头（有些镜像软件会显示出触点和滑动线，但这些还是跟手指动作不一样）。

● **把摄像头连接到移动设备上，让用户能自然地拿着它**。在一些设置环境下，这个设备安放在桌面上，不能移动。而在另一些环境下，测试参与者可以拿着设备，但是他们被告知要停留在某个用胶带标出的区域。限制这些设备移动范围的唯一理由就是，让一个摄像头指向屏幕，让它们保持在摄像视野里。

如果你能把摄像头连接到移动设备上，测试参与者就可以自如地移动屏幕，而同时屏幕能一直出现在视野里，并且焦点清晰。

● **不要用摄像头指向测试参与者**。我确实很不喜欢脸部摄像。有一些观察者喜欢看着测试参与者的脸，但我认为这会分散注意力。我宁愿让观察者们集中关注屏幕上的一切，而且他们也往往总是能从用户的声音判断出用户的感受。

再添加一个摄像头无疑也会增加环境配置的复杂程度。我不认为这样做真的值得。当然，如果你的老板坚持要看到测试参与者们的脸，那就给他们看。

概念验证：我的 Brundleyfly [○]摄像机

出于好奇，我制作了我自己的摄像装置，用一个夹子把网络摄像头夹在一个读书台灯的头上。它几乎没什么重量，还能用它内置的麦克风捕捉到声音。这个装置的价格是 30 美元，需要一个小时的时间进行装配。我确信不久以后就会有人生产出类似的装置——只会比我这个更好。我会把组装这个东西的说明放在我的网站上，网址为：rocketsurgerymadeeasy.com。

○　Brundleyfly 一词来自 Jeff Goldblum 在《变蝇人》中扮演的角色（Seth Brundle），用来描述他自己在用瞬移设备进行实验，不巧把他自己的基因和一只苍蝇的基因结合在一起之后的状态。

轻量级的网络摄像头＋轻量级的夹子和鹅颈管 = Brundleyfly

把移动设备连接到这个装置上，可以让操作视野非常容易捕捉。甚至在测试参与者挥舞移动设备的时候，观察者们也可以看到屏幕的稳定画面。

我想它解决了其他固定摄像头的绝大多数缺陷：

- **它们又笨又重**。相反，这个装置非常轻便，基本上不会改变手机拿在手里的手感。

- **它们分散注意力**。这个装置非常小（比图片上看起来还要小），而且它在测试参与者的视线之外，因为他们的视线应该放在屏幕上。

- **没有人想在他们的手机上连一个东西**。经常需要用魔术扣或者双面胶将滑板粘到手机上。而这个装置使用的是带衬垫的夹子，不会刮花或者粘上任何东西，同时还能牢牢地固定在手机上。

该装置也有一个不足之处：它需要一根 USB 延长线来把网络摄像头连接到你的电脑上。不过这种线并不贵。

有了这个装置，剩下的环境设置就相当简单了：

- 用 USB 把 Brundleyfly 连接到主持人的笔记本电脑上；

- 打开某个软件（例如 PC 上的 AmCap）或者 QuickTime 播放器（Mac 上），从 Brundleyfly 显示录像。主持人将观看这个画面；

- 用屏幕共享软件（GoToMeeting 或者 WebEx，等等）把笔记本电脑屏幕共享给观察者；

- 在观察室的电脑上运行屏幕录制软件（例如 Camtasia）。这样可以减轻主持人笔记本电脑上的工作负担。

就这么多。

最后

不管以哪种形式，看样子我们未来都会生活在移动的世界里，它也提供了数不清的机会让我们创造出卓越的用户体验和可以使用的东西。新的技术和新的形式会层出不穷，它们中的一些可能会包括一些截然不同的交互方式。⊖

只是，在这场大洗牌中不要把可用性弄丢了。而且，别忘了，最好的方式就是进行测试。

⊖ 从个人角度来看，我认为和你的电脑进行对话会是接下来的大事件。声音识别的精准程度已经很惊人了；我们需要让人们和他们各种设备的对话变得看起来，听起来，以及感觉起来都不要像个傻瓜似的。如果谁真的在做这项研究，请给我打个电话，对于语音识别软件我已经用了 15 年，对于它为什么还没有流行起来，我有不少想法。

第 11 章

可用性是基本礼貌
为什么你的网站应该让人尊敬

坦白地说：那是最难的部分。

如果你能模仿出来，剩下的就不成问题了。

——关于好莱坞经纪人的一个老笑话

不久以前，我订了一趟到丹佛的航班。预订之后，才发现航班的日期正好是我预订的航空公司和它的一个工会谈判的最后期限。

出于担心，我做了谁都会做的事：1）每小时查一下 Google 新闻，看有没有达成协议；2）到该航空公司的网站上去，看看他们是怎么说的。

我很惊奇地发现，不止在航空公司的主页上没有提到日益迫近的罢工，而且整个网站也没有任何字句提到这样的内容。搜索，浏览，在 FAQ 列表中翻来覆去地寻找，没有，似乎一切正常，"罢工？什么罢工？"

现在，在一个可能会发生航空公司罢工活动的早上，你得知道，事实上，有且只有一个不断被问到的问题和这个网站有关，而且成百上千手握机票的人也正在为这个问题苦恼不已：这件事对我会有什么影响？

我也许会期望找到一份关于以下主题的问答列表：

真的可能会发生罢工吗？

现在谈判的状况如何？

如果发生了罢工，将会发生什么事？

怎样才能重新预订我的航班？

你们能给我一些什么样的帮助？

什么也没有。

我从这件事知道了什么？

要么：1）该航空公司没有在特殊情况下更新主页的制度；2）出于某些法律或商业上的理由，他们不想承认会发生罢工；3）他们没想到旅客会关心这个；4）他们嫌麻烦。

不管真正的理由是什么，他们这么做无比降低了我对这家航空公司和他们网站的好感。他们的品牌（他们每年花上数百万美元来打造的）对我而言，绝对失色不少。

这本书的绝大部分内容都是关于让网站简洁清楚：保证用户能理解他们寻找的内容（还有如何使用网站）而不需要多费力气。清楚吗？他们明白了吗？

但是对 Web 可用性而言，还有另外一个重要的组成部分：做正确的事——为用户考虑周到。除了"我的网站清楚吗？"之外，你还需要问："我的网站值得尊敬吗？"

好感储存器

我经常发现，想象每次进入一个网站时，我们都从一个好感储存器开始，这样很有用。在网站上遇到的每个问题会降低好感储存器的高度。例如，我访问这个航空公司网站的情形如下所示。

我进入网站。

我的好感程度并不是很高，因为我不太开心，他们的谈判可能会给我造成极大的不便。

我在主页上扫了一眼。

看起来组织良好，所以我的心情有所放松，我相信如果存在有关的信息，我会找到的。

在主页上没有提到有关罢工的消息。

我不喜欢这样，似乎一切正常。

主页上有一个包含五个链接的清单，指向新闻故事，但跟我要找的没有关系。

我点击了页面底部的新闻发布链接。

最近的新闻发布是在五天以前。

我来到了 About Us（关于我们）的页面。

没有看到想要的链接，但是有大量的宣传文字，看起来很烦人。为什么在我无法确定他们明天是否能正常起飞的情况下还想向我推销更多的机票？

我搜索"罢工"，找到两条一年以前一次罢工新闻，还有20世纪50年代公司历史中的一次罢工信息。

这时，我真的想一走了之，但这是唯一的信息来源。

我仔细检查他们的FAQ列表之后离开了网站。

这个储存器的容量是有限的，而且如果你对待用户的态度很恶劣，把它消耗殆尽，用户就很可能会离开网站。但是离开网站并不一定是唯一可能的副作用；将来他们可能不再想用你的网站，或者他们会从此不再重视你的公司了，并在 Facebook 和 Twitter 上猛烈抨击你们。那些市场团队的读者们，你们应该意识到，这样，你们的 NPS（Net Promote Score，净推荐值）可能会有所下降。

关于这样的好感储存器，有以下几点值得提一下。

- **它因个人特质的不同而不同**。一些人有着很高的好感值，而有些人的好感值比较低。一些人天性就更爱猜疑，或者脾气不好；其他一些人则天生有耐心，更容易得到信任，或者更乐观。关键是，你不能指望它的值会很高。

- **它依情况而定**。如果我非常赶时间，或者刚刚在另一个网站得到糟糕的体验，那么在进入你的网站时，我的好感程度已经很低了，哪怕我本来是一个好感程度较高的人。

- **你可以重新填满它**。即使你犯了一些错误，降低了我的好感，但你还可以通过做一些事让我觉得你在关心我的利益，从而重新提高我的好感度。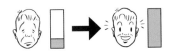

- **有时候一个简单的错误就能清空它**。例如，只是打开一个有大量字段注册表格，就足以让一些人的好感储存器立刻降低到 0。

降低好感的几种方式

下面提到的几件事会让用户觉得发布网站的人并不关心他们的利益。

隐藏我想要的信息。最常见的情况是隐藏客户服务的电话号码、运费和价格。

隐藏客户服务电话的初衷是希望用户不要打电话，因为每个电话都要花钱。通常这样做的效果是降低用户的好感程度，而且他们在找到号码并拨打电话的时候会更恼火。另一方面，如果 800 电话号码很容易看到——甚至可能出现在每个页面上——那么，在某种程度上让他们知道在需要的时候可以拨打这个电话，会让人们在网站上停留的时间更长，从而增加了他们自己解决问题的可能性。

有些网站把价格信息隐藏起来，希望让用户在体验到"价格冲击"的时候产生一种已经投入的感觉。我最喜欢的例子是用于公共场所（例如机场）无线接入的网站。看到 Wireless access available!（无线接入服务）的标志，知道在有些机场这是免费服务的时候，你会打开笔记本电脑，找到信号，准备连接。但是接下来，在还没到达提示这可能需要付费的页面之前，你不得不顺着这样的连接："无线接入"和"点这里连接服务"来扫描、阅读、点击多达三个页面。这就像一种老式电话销售策略：如果能让你一直不挂电话，并不断向你提供更多的市场优惠，也许就可以打动你了。

因为没有按照你们的方式行事而惩罚我。我应该永远不要想到对数据设定格式：是否要在我的社会保险号码中间加破折号，信用卡号码中间是否要加入空格，或者电话号码中是否要加入括号。很多网站固执地坚持不在信用卡号码中加入空格，但这些空格会有助于正确地写出号码。不要因为不想多写一点代码就让我在铁环中跳来跳去。

向我询问不必要的信息。大多数用户都很介意个人信息，如果网站要求的信息超出当前任务时会让用户觉得很厌烦。

敷衍我，欺骗我。我们都会注意到虚伪的真诚，也讨厌假意的关心。想想每次你听到"您的电话对我们来说很重要"的时候是什么感觉吧！

> 对了，这就是你们那"高得出奇的话务量"让我等了20分钟的原因：我的电话对你们来说很重要，但我的时间不重要。

给我设置障碍。不得不等待一个长长的 Flash 介绍，或者浏览多达数个页面的自

我感觉良好的市场图片，这些都很清楚地表明，你并没有理解——或者关心——我很忙。

你的网站看上去不专业。如果你的网站看起来很凌乱，组织得不好，不专业，在布局上似乎没有下工夫，那么用户也会失去好感。

注意，人们喜欢对网站的外观——特别是颜色——发表意见，但是几乎没有人离开网站，只是觉得它看起来不够好。（我告诉人们在用户测试中可以忽略所有关于颜色的评论，除非有三四位用户用到了"令人作呕"这样的形容词，如果到了这种地步，就要好好想想了[⊖]。）

某种情况下，你也会让你的网站故意做一些对用户不友好的事。有时候做用户不希望的事有着商业上的意义，例如，自动弹出窗口常常会让人们反感，但如果你的统计数据表明，你可以通过使用弹出窗口多得到 10% 的收益，而且你觉得这样得罪用户很值得，那么尽管使用弹出窗口好了，这是商业决策。要确定你是有意这么做的，而不是无心之举。

提高好感的几种方式

好消息是，就算你有些地方做得不好，也还有可能再度提高我的好感，只要让我相信你的所作所为是在为我着想。这些情况中的大部分是刚才那个清单的对立面。

知道人们在你网站上想做什么，并让它们明白简易。通常，不难知道人们想在一个网站上做什么。我发现，即使是那些对他们的网站的其他方面有异议的人，也会在我询问"用户想做的三件事是什么"时，给出相同的答案。问题是，使这些方面的操作变得简易不能超越网站本来的目的。（如果大部分人到你的网站来申请抵押贷款，那么不能有任何东西应该妨碍让申请抵押贷款变得超级容易。）

告诉我我想知道的。把运费、旅店日停车费用、暂停服务以及其他你不愿意放在前面的项目放在前面。如果你的运费比我期望的高，可能会让我降低好感，但因为你的坦诚和让我更方便可以弥补降低的好感值。

⊖   这样的事在我协助的一次用户测试中真的发生过，我们改掉了颜色。

尽量减少步骤。 例如，不要在购买的时候给我配送公司的货物跟踪码，而是在我的邮件收据中添加一个链接，在我点击这个链接的时候打开它们的网站并提供跟踪码。（和以前一样，Amazon 是第一个为我这么做的网站。）

花点心思。 我喜欢的惠普公司的技术支持网站，看起来它在以下方面做了很多努力：1）产生解决我的问题所需要的信息；2）保证它准确而且有用；3）用清楚的方式来表达；4）组织良好，我可以轻松找到。我已经购买了很多惠普的打印机，并且几乎每次有问题的时候我都能自己解决。

知道我可能有哪些疑问，并且给予解答。 常见问题列表非常有价值，特别是在以下情况下：

- 它们是真正的常见问题列表，而不是伪装成 FAQ 的软推销（也叫作 QWWPWA，即 Questions We Wish People Would Ask（我们希望人们会问的问题））。

- 保持更新。客户服务和技术支持部门很容易就能为你提供本周问得最多的五个问题。我通常会把这份清单放在任何网站的服务支持页面的顶部。

- 保持坦率。人们常常在 FAQ 上寻找一些你不希望他们问到的问题的答案，在这些问题上保持坦率能在很大程度上提高用户的好感。

为我提供协助，例如打印友好页面。 人们希望通过一次点击就能打印出长达数页的故事，CSS 能让我们只花一点点努力就能创建友好的打印页面。去掉广告（横幅广告占用了纸面空间，更加会让人觉得讨厌），但是要保留插图、照片和图表。

容易从错误中恢复。 如果真的做了很多用户测试，你就能避免很多错误。但是当潜在的错误不可避免时，请提供一种优雅的、清楚的方法让我从错误中恢复。参见推荐读物中的 Defensive Design for the Web，里面有关于这个主题的非常好的建议。

如有不确定，记得道歉。 有时候你会不由自主，因为你没有能力或资源做到用户想要的（例如，你的大学图书馆系统对每个分类数据库设置了不同的密码，所以你不能为用户提供他们想要的单一登录）。如果你做不到，至少让他们明白你知道你在给他们造成不便。

第 12 章

可访问性和你

正当你觉得已经完成的时候，一只猫掉了
下来，背上捆着涂了奶油的面包

当一只猫掉下来的时候，通常脚先着地，

而当一片面包掉下来的时候，涂了奶油的那一面会先着地。

我建议把奶油面包捆在猫的背上，它们两个将会在离地面几英寸的地方飘浮、翻滚。

如果有一排巨大的奶油面包猫，就能得到一个高速单轨铁道把纽约和芝加哥连接起来。

——John Frazee，《The Journal of Irreproducible Results》

人们有时候问我："可访问性（Accessibility）怎么样？它是可用性的一部分吗？"

当然，他们是对的。除非你要做一个总体决定，确认那些残障人士都不是你的目标用户，否则，如果你的网站可访问性不足，就不能说它是可用的。

在这一点上，每个参与 Web 设计的人都对可访问性有所了解。不过，几乎我访问的每个网站都没有通过我的三秒钟可访问性测试——增大字体。[⊖]

改变浏览器的"文本大小"

之前　　　　　　　　　　　　之后（没有变化）

为什么会这样？

⊖　如果你想发邮件提醒我，在绝大多数浏览器里，Zoom（缩放）已经替换了之前的 Text Size（文本大小），多谢了。不过你可以省省，因为如果使用 Zoom，每个网站的字体都会变大，但是只有那些超越了固定大小（fixed-size）字体（通常这也是一个良好的指标，意味着团队在可访问性方面的努力）的网站，才会对 Text Size 调整有反应。

开发人员和设计师们所听到的

在大多数公司里，负责实现可访问性的人是实际上建造网站的人：开发人员和设计师。

当他们打算了解应该做什么的时候，拿到的书或文章都给出了一些同样的理由，说明为什么要实现网站的可访问性。

这里面有很多理由是真理。不过，遗憾的是，这些理由中间也有很多不太可能让26 岁的开发人员和设计师相信他们应该支持可访问性。尤其是有两点让他们心生疑虑。

- **x% 的人口属于残障人士。** 由于他们的世界里主要是 22 岁的健全人，很难让他们相信有相当比例的人真的在访问网络时需要帮助。他们想把这些看作人们鼓吹某个理由时的夸大之词，同时也有一种天然的倾向会这样想："如果能揭穿其中一条，我就有资格怀疑其他理由。"

- **可访问性更强会对所有人都有好处。** 他们知道在一些情况下确实如此，经典的例子就是隐藏字幕（Closed Captioning），它们对能听到的人都很方便[⊖]。但是因为这好像就是唯一引用的例子，所以听起来有点像争论太空项目很值得，是因为它们给我

⊖   例如，我和 Melanie 常常在观看英国电影的时候用它。

们带来了果珍（Tang）[⊖]。相比而言，让开发人员和设计师们想象可访问性会妨碍其他健全人的例子要容易得多。

这种怀疑论最大的坏处是，它掩盖了这样一个事实：确实有一个支持可访问性的重要理由，那就是：

- **支持可访问性才是正确的做法**。而且，这不只是正确的做法，还是非常正确的做法，因为有一个没有得到充分强调的理由是，它多么显著地改善了一些人的生活。就个人所见，我不认为还有人需要另一个例子：使用电脑的盲人现在可以自己看每天的新闻了。你想想看。

我们有多少机会能大幅度改善人们的生活啊，只是把我们的工作做得更好一点而已。

对于那些认为这条理由并没有说服力的人来说，它迟早会成为一条法律条例，等着看吧。

开发人员和设计师所害怕的

当他们对可访问性了解得更多时，两种令他们害怕的事出现了。

- **更大的工作量**。特别是对于开发人员来说，实现可访问性就像要往他们已经不可能完成的项目计划中再增加一项复杂的新任务一样。在最坏的情况下，它是从高层传达下来的一项"决心"，同时还有费时费力的报告、评审，还有特别会议。

- **设计折中**。设计师们最害怕的是我提到的奶油面包猫，那些面向残障人士的良好设计和面向其他人的良好设计似乎背道而驰。他们担心对于网站大部分目标用户来说，自己不得不让网站的设计变得不那么吸引人——还有，不再那么好用。

在一个理想的世界中，可访问性应该像我在芝加哥出租车座位后背上看到的一个标志。乍一看，它就像一个普通的标志，但是它的某种采光方式让我又靠近看了看，看过之后

⊖　一种为宇航员们发明的强力橙味早餐饮料（还可以参见冻干食品，FD，Freeze-dried food）。

才发现，它的设计真是巧妙。

它的表面是一层有机玻璃，把消息的布莱叶盲文凸印在有机玻璃上。平常，文字和布莱叶盲文都要缩小一半，才能同时在标志上显示出来，但是采用这种设计，每类读者都可以得到可能的最好体验，真是太好了。

我想，对于某些设计师来说，可访问性可能会让他们想起冯内古特（Vonnegut）的小故事那样的画面——政府通过让所有人不方便来创造平等[⊖]。

真相就是，它可能确实会很复杂

当人们开始学习可访问性时，他们常常会遇到一条听起来非常可靠的建议：

⊖ 在"Harrison Bergeron"这个故事中，对于智力超常的主角 George，法律要求他在耳朵上戴一个"金属障碍收音机"，每隔 20 秒就发出不同的巨大噪声，以"防止 George 这样的人不公平地利用他们的聪明才智"。

问题是，当他们使用一个检查器来处理网站时，结果它更像一个语法检查器而不是拼写检查器。是的，它确实找到了一些明显的错误和容易修复的漏洞，例如丢失的 alt 文本[⊖]。但是，它也不可避免地包括一系列含糊不清的警告，说你可能做错了的地方，还有一大堆推荐你检查的地方，但它承认可能并没有什么问题。

这样会让刚刚学习可访问性的人们非常失望，因为长长的清单和模糊的建议表明，还有很多地方要学习。

事实上，目前的网站可访问性实现起来很困难，而它本来可以容易得多。

毕竟，绝大部分的设计师和开发人员并不打算成为可访问性专家。如果网站可访问性要变得无处不在，实现起来就要更容易一点。屏幕阅读器和其他适应技术要更智能，建造网站的工具（例如 Dreamweaver）要能更容易对可访问性进行正确编码，而我们的设计过程也应该在一开始就把可访问性考虑进来。

现在能正确实施的四件事

然而，我们不能对此刻并不完美的现实世界袖手旁观。

就算沿用现在的技术和标准，也有可能让每个网站可访问性更强，只需要把注意力集中在能产生最大影响的几个方面就够了，不需要做大量的工作。它们也不会让问题达到奶油面包猫的地步。

#1 改正让所有人感到混淆的可用性问题

我发现，Tang 式说法（"增强网站可访问性会让每个人觉得网站更好用"）让人讨厌的地方在于，它混淆了这样一个事实，就是其实它反过来说才是对的：让网站对我们其他的人更好用，会让残障人士用得更好。

⊖ Alt 文本为一幅图像提供文字描述（例如"两个人在帆船上的照片"），它对使用屏幕阅读器和关闭图片浏览的人来说很有必要。

如果某个地方让大多数使用网站的人迷惑不解，那么对访问有障碍的人来说肯定也一样。（他们不会因为残障而变得聪明许多。）而且，他们很可能更难从混淆中回过神来。

例如，想想上次你上网时遇到的麻烦（假设提交表单时产生了一个让人迷惑的错误消息）。想象一下如何在看不到页面的时候解决这个问题。

要改进网站的可访问性，最好的方法是经常测试，然后不断消除让每个人都混淆不清的地方，事实上，如果你不先这样做，那么无论你多么努力地采用可访问性指导规则，残障人士还是不能使用网站。如果你的网站一开始就含混不清，那么让它符合 Bobby 标准就像 [做个填空游戏：把你最喜欢的给猪抹上口红那样的比喻放在这里]。

#2 读一篇文章

我希望现在你已经明白，要了解如何让某样东西更好用，方法是观察人们实际上如何使用它。但我们中的大多数人并没有使用自适应技术的经验，更不用观察其他人如何使用了。

如果你有时间，又乐意，我强烈建议你找到一两位盲人用户，花几个小时观察他们实际上是如何使用屏幕阅读器软件的。

幸运的是，有人已经帮你做了这项繁重的工作，Mary Theofanos 和 Janice（Ginny）Redish 观察了 16 位盲人用户如何使用屏幕阅读器在不同的网站完成许多任务，并在一篇名为 Guidelines for Accessible and Usable Web Sites：Observing Users Who Work with Screen Readers ⊖（网站可访问及可用指南：屏幕阅读器用户观察）的文章中报道了他们的观察。

和任何一种用户测试一样，它带来了无法估量的深远影响。下面是一个他们观察得到的例子：

⊖ 发表在 ACM 的杂志《 Interactions 》上（2003 年 11-12 月刊）。Ginny 得到 ACM 的许可，允许个人使用这篇文章，地址是 http://redish.net/content/papers/interactions.html。

屏幕阅读器用户用他们的耳朵扫描。绝大多数盲人用户和正常用户一样没有耐心。他们希望尽快得到自己需要的信息。他们并不仔细听页面上的每个字，就像正常人不会逐字阅读一样。他们"用耳朵扫描"，只听到足够判断他们是否应该继续听下去的程度。很多人把语速调到非常快的地步。

他们听取一行文本或一个链接的前几个字，如果并不相干，就会很快移到下一个链接、下一行、下一个标题或下一段。一位正常用户可能通过扫描整个页面找到关键字，但是如果关键字不是出现在一行或一个链接的开始，那么盲人用户可能听不到这个关键字。

我强烈推荐你在阅读其他关于可访问性的内容之前先阅读这篇文章。花20分钟，它将为你提供你所面临的问题的一份正确评价，这是其他任何书或者文章都没法做到的。

#3 看一本书

当你读了 Ginny 和 Mary 的文章之后，就可以花上一天（或一个周末）来看一本关于可访问性的书，这里有两本特别好的书：

- Sarah Horton 和 Whitney Quesenbery 合　著　的:《 A Web for Everyone : Designing Accessible User Experiences 》[⊖]（他们的方法:" Good UX equals good accessibility. Here's how to do both."好的用户体验等于好的可访问性，我们来告诉你怎样两全其美）。

- Jim Thatcher 等人著作的《Web Accessibility: Web Standards and Regulatory Compliance 》(" Here are the laws and regulations, and we'll help you understand how to meet them."这些就是需要遵从的法律和法规，我们来帮助你理解怎样满足它们的要求）。

　　⊖　本书将由机械工业出版社翻译出版。——编辑注

这些书覆盖了很多方面，因此别担心需要全部吸收，现在，你只要掌握大致内容就可以了。

#4 去摘够得着的果子

现在你已经准备好了，来实现大部分人认为的 Web 可访问性：在你的 HTML 代码中做一些具体的变更。

- **为每张图片增加合适的 alt 文本**。为屏幕阅读器应该忽略的图片增加空的 alt 属性（<alt="">），相反，为对那些不应该忽略的图片，加上富有帮助的描述性文字。

想学习如何书写良好的 alt 文本，并学习如何做到这个列表中的每一点，可登录 webaim.org。WebAIM 的伙计们写了很多精彩的文章，这些文章覆盖了各项可访问性技术的方方面面。

- **使用合适的标题**。标准的 HTML 标题元素可以为那些使用屏幕阅读器的用户们传达很多有用的信息，告诉他们页面内容的逻辑结构，并帮助他们更容易地通过键盘进行导航。对于页面标题或主要内容标题，用 <h1>；主要的区块 / 栏目标题，用 <h2>，子标题用 <h3>，等等，诸如此类进行递减，然后用 CSS 重新定义各级标题的视觉表现形式。

- **让你的表单配合屏幕阅读器**。这在很大程度上分解为使用 HTML 的 label 元素把表单域和提示文本联系起来，以便人们知道他们应该输入的内容。

- **在每页的最前面增加一个"跳转到主要内容"的链接**。想象一下不得不花上 20 秒（甚至一分钟、两分钟）来等待每个页面顶端的全局导航，然后才能看内容的情形，你就会知道这很重要。

- **让所有的内容都可以通过键盘访问**。记住，不是每个人都能使用鼠标。

- **在文本和它们的背景之间设置明显的对比**。例如，不要在深灰色的背景上使用浅灰色的文本。

- **采用一份可访问性良好的模板**。如果你在使用 WordPress，请先确定你所选的主题（Theme）已经进行了可访问性设计。

就是这些。你可能会在实行过程中学到更多，但就算你只做到我在这里讲述的内容，也已经是一个相当不错的开始了。

七年以前，我用下面这些文字结束了本章内容。

真希望五年以后我能删掉这一章的内容，然后把本章的篇幅用于介绍别的内容，因为开发工具、浏览器、屏幕阅读器以及指导准则会日益成熟，会整合在一起，让人们可以自然而然地建立可访问的网站。

一声叹息。

希望这次我们的运气会好一点。

第 13 章

指点迷津[⊖]

让可用性在你身边成为现实

⊖ 真正的《指点迷津》(《The Guide for the Perplexed》) 是由 Rabbi Mosbe ben Maimon (很多时候写成 Maimonides) 在 12 世纪著作的一本影响深远的《犹太法典》注解，也译作《迷途指津》，在这里我只是觉得在我想到的章节名称中，没有比这个更好的了。

> 我是老雷斯。
>
> 我为树木代言。
>
> ——《老雷斯的故事》，苏斯博士

我收到很多邮件，问的都是下面这个问题或者这个问题的不同版本：

> 好的，我明白了。可用性这个问题很重要，我也确实想自己做起来。可是我怎样说服我们的老板——还有他的老板，让他们重视用户，然后允许我花一些时间来实现它？

如果你发现自己处在一个孤立无援，没有人支持"可用性"的环境里，你能做些什么？

首先要清楚你的领地

首先，我们来回顾一下世界上可用性形势的一些变化。

早在 20 世纪 90 年代后期，大部分人用"可用性"（Usability）和"以用户为中心的设计"（User Centered Design, UCD）这两个术语来形容各种为用户进行的设计。同时，主要有两种"专业"致力于让网站更好用，它们是可用性（确保网站设计能让人们成功地使用它们）和信息架构（保证网站内容的组织方式让人们能以他们需要的方式找到）。

现在你听得最多的术语是用户体验设计（User Experience Design, UXD），或者用户体验（User Experience, UX），然后还有一些别的相关行业，例如交互设计、界面设计、视觉设计、内容管理，当然，也还有可用性和信息架构，这些所有的行业，统统涵盖在用户体验这把大伞里。

以用户为中心的设计和用户体验设计之间的区别是它们的范围。UCD 的目标是设计正确的产品，保证它可用。而用户体验设计是在产品生命周期的每个阶段，都把用户的需要考虑进来，从他们在电视上看到产品广告，到在线购买和订单跟踪，甚至包括把产品退回当地的销售点。

好消息是，用户很重要，人们这方面的意识已经得到了大幅度加强。Steve Jobs（以及 Jonathan Ive）为用户体验营造了一个令人瞩目的商业典范，因此，和前两年相比，现在可用性更容易被人们所接受了。

坏消息就是，以前，可用性是用户友好设计（User Friendly Design）行业的标准职责，现在，这个行业有了很多想来分一杯羹的兄弟姐妹，每一个都宣称它们自己的工具才是最适合做这项工作的。最糟糕的消息是，很多人不明白这些相关行业的区别，也不明白它们各自独特的优点。

这就是你战斗的地方。因此当有人告诉你"我从事的是用户体验"或者"可用性已经很老土啦，现在叫用户体验啦"的时候，你只要优雅地微笑一下，问他们几个问题，关于怎样了解用户，怎样测试看人们是否能使用他们建造的产品／网站／应用，他们怎样带来改变，如果这些事情他们都不做，那么他们需要你的帮助。如果他们都做，那么，向他们学习。把自己叫做什么并不重要，重要的是，我们能带来的价值和我们拥有的技能。

通常的建议

我经常听到下面两条建议，关于如何说服管理层为可用性工作提供支持（还有资金）：

- 演示 ROI（投资回报率）。这个方法是这样的，你去收集数据，进行分析，来证明一项可用性方面的改进导致了成本上的节约或者额外的收入（例如"改变这个按钮的文字增加了 0.25% 的销售额"）。这方面有一本很不错的书：《 Cost-justifying Usability: An Update for the Internet Age 》， 由 Randolph Bias 和 Deborah Mayhew 编著。

- 用他们的语言说话。这个方法的意思是，我们不要再谈论用户和给用户带来的好处，相反，我们去了解当前公司内部的难题，并陈述我们的方法可以有力地协助解决这些问题：我们开始谈论痛点（pain point）、触点（touch point）、KPI、CSI、或者任何管理上的热词，只要它们在公司内部开始流行。

如果可以做到，这两种方法都很好，都值得一试。不过证明 ROI 和成本 / 收益相关不是一件简单的事，除非条件非常严格，不然总是会有一些人跳出来说这些增加的价值是由别的因素带来的。还有，学习"商业"语言可能也是一种挑战，毕竟，那是人们去拿 MBA 学位的原因。

如果我是你

事实上我也曾经在你的岗位上呆过一个星期。每次我去客户的办公室，大部分时间我都在惊叹有这么多人能在办公室环境下生存。我就是没法应对大公司（例如，超过两个人的公司）里的办公室政治和那种一整天一整天的会议。

但是我确实花了很多时间参观各种办公室，说服各级经理们重视可用性问题。所以我也确实有一些这方面的策略，而人们试过这些策略之后，也告诉我他们取得了一定的成功。所以，下面就是我会采取的措施，如果我是你：

- **让你的老板（以及他的老板）来观看可用性测试**。我觉得效果最好的策略就是，让高管过来观察可用性测试（哪怕只来一次）。告诉他们你准备进行一些测试，如果他们能过来露个面，待几分钟，将会极大地鼓舞开发团队的士气。

从我的经验来看，执行官们通常会变得饶有兴趣，会多待一会儿，因为这是他们第一次亲眼看到某个人在试用公司的网站，通常他们看到的画面，也不像他们想象中的那么美好。

重要的是让他们亲自来。亲自观看可用性测试实况和听一场报告之间的区别，就像在现场观看一场球赛和在晚间新闻里听到内容回顾那么大。现场观看会产生激动人心的感受，而晚间新闻就没那么吸引人了。

如果没法让他们亲自过来，那就只能退而求其次：在你的演示报告中，增加一些重点视频片段。如果你不会进行演示，也可以把一个视频片段（不要超过 3 分钟）发布到你们的内部网，并附上一份有意思的描述，和这个视频的链接，给他们发邮件。即使是执行总裁们，也喜欢观看短视频。

- **在你的个人时间进行第一次测试**。当你第一次进行测试时，没有必要去寻求许可；只要让它非常简单，不必正式，找几位志愿者参与，因此没有任何费用。

然后，尽量保证这次测试的结果是，有某些地方得到了改善。挑选一个容易的目标来进行测试——也就是你已经知道，这里至少存在一个严重的可用性问题，而这个问题又可以很容易修复，不用把太多人牵涉进来进行讨论或需要得到他们的同意——例如，重新命名一个词不达意的按钮。然后进行测试、修复，再进行公开和宣传。

如果你能找到一种简单的方式来测量这份改进，去做吧。例如，你可能测试了某个部分，原来需要回复很多电话进行客户支持，修复了之后，你可以得出，在这个问题上减少的客户支持电话数量，这就是一个简单而明显的指标。

- **对竞争对手进行测试**。在第 9 章中，我曾经提到，对于任何项目来说，先对竞争对手进行测试是一个良好的起点。不过，这是一种很好的方式，来为你们的可用性工作寻求支持和帮助。任何人都想了解竞争对手，而且因为测试的不是你们自己的网站，不会涉及公司内部任何人的个人利益。这样的测试，可以变成一场绝佳的午餐活动。

- **理解管理层**。很多年以前，在一次 UXPA 周年会议上，我环顾四周，正在想："这是一群多好的人啊！"然后我突然领悟到，他们当然都是很好的人。事实上，同理心对于可用性工作来说，是一项职业条件。而且，如果你对可用性工作感兴趣，那么很可能你也是一个富有同理心，善解人意的人。我也建议你把这份同理心分一点给你的老板，不是"我怎样才能找出一些办法来激发他们，这样我可以让他们做一些我想做的事"，而是尽量"理解他们的处境"，对他们进行真正的，情感上的关注。你可能会对这么做的效果感到吃惊。

- **弄清楚自己在整个公司大局中的位置**。从个人角度上说，处在你的位置，我觉得谦虚谨慎很重要，小心驶得万年船。在商业社会里，事实就是，每个人都只不过是一个小小的齿轮，身处在一个大一些的齿轮组里[⊖]。

你希望你对可用性的热情能感染周围的人，但如果你是抱着一种对普罗大众宣扬真理的态度——无论是在可用性，还是别的任何东西上，效果总是很难保证。你最主要的角色应该是分享你的知识，而不是去告诉别人应该怎么做。

在这方面，我也乐意推荐两本书，希望对大家有所帮助。

第一本是 Tomer Sharon 著作的《It's our research: Getting Stakeholder Buy-In for User Experience Research Projects》。Tomer 是 Google 公司的一名用户体验研究员，我从来没听他说过任何不对、不简洁，或者不可行的话。

实际上，只要看到章节标题上写着："Become the Voice of Reason"（发出理性的声音）或者"Accept the Fact that it might not work and that'it's okay"（接受现实，就算没什么作用也没关系），那么这些书都显然值得一读。

Leah Buley 的《The User Experience Team of One: A Research and Design Survival Guide》一书，是专门为那些"公司里单打独斗的 UCD 实践者 / 有志于实践 UCD 的人"或者"团队里唯一的用户体验人员"所写的。书中第 3 章和第 4 章提供了很多很好的建议和有用的资源。

抵制黑暗力量

总的来说，可用性工作是一份为用户呐喊的工作，就像老雷斯一样，你为树木代言。

⊖　不好意思，别太往心里去。希望你能好好工作，享受家庭生活，天天开心。

噢，不对，是用户。可用性工作就是通过建造更好的产品，来更好地为用户服务。

不过，也有这么一种趋势（我是在五年以前刚刚开始意识到这一点的）有一些人在试图让可用性实践者们帮他们想办法操控用户，而不是服务于用户的需要。

当然，如果只是帮助影响用户，我倒是不在意这样的请求。

如果你想知道如何影响别人，建议阅读 Robert Cialdini 在这个领域的著作：《影响力》，它睿智而又卓有成效，也提供了很多经得起时间考验的好想法。

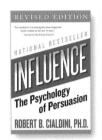

或者也可以阅读 Susan Weinschenk 的任意一本书，讲的是在人类的动机和决策行为方面，神经心理学研究能告诉我们的一些有用的知识。

我也不觉得帮助他们"说服"别人去做一些事情不好，只要不是用欺骗的方法。实际上，在可用性测试中采用的"说出心理活动"的方法，常常会让我们得到有价值的观察和了解，从而知道那些试图"说服"的努力是成功的还是失败的。

不过，不管什么时候听到有人在说利用可用性测试来确定某个东西是否是用户想要的，我都会变得很焦虑，因为这并不是可用性测试适合衡量的一个方面。你可能会在测试过程中感觉到测试参与者觉得某个地方是他"想要的"，但这只不过是一种感觉而已。某个东西是否是"用户想要的"，应该是一个市场研究方面的问题，最好通过市场研究的方法和工具来解答。

真正的问题是，人们常常不是希望我们帮助他们确定某些东西是否是"用户想要的"，或者甚至也不是帮助他们想办法怎样让他们的产品更加合乎用户期望。相反，他们只是希望可用性方法能告诉他们怎样才能让人们"觉得"产品是"用户想要的"，也就是说，试图操控用户。

有时候，这种操控相对温和，例如使用一个不太显眼的复选框，默认选中，来让用户自动订阅某个电子简报。

有时候，它会更加黑暗，试图让人们安装一个不想要的浏览器工具条，并趁用户不注意的时候，改变他们默认的搜索和浏览器首页设置。我们都遇到过这种类型的欺骗。

你点击一个链接，下载某个免费软件。

然后打开一个界面，上面有三个大大的"开始下载"链接。

当你点击其中一个，开始下载的时候，没注意到这条几乎看不见的说明。

然后一个新的页面又出现了，里面有另一个"开始下载"的链接，于是你又点击了一次……最后下载了某个你完全不想要的软件。

当然，在最极端的情况下，它会越过界线，变成真正的黑帽行为，例如钓鱼、欺诈和盗取个人信息。

如果有人让你做这些事，你要提高警惕，这些并不是你的职责范围。

用户们还指望着你。

一些决定性的答案

在收工之前，这里还有一些福利，给那些坚持到最后的读者朋友。

在这本书里，几乎所有的内容都在描述各种可用性问题的答案是和具体情况有关的，而且，确实，对于大部分可用性问题来说，它们的答案都是"看具体情况"。

不过我知道，我们都喜欢决定性的答案，所以这里也有一小组总结，是你一定要坚持做到的，又或者是万万不要去尝试的。

- **不要使用小而对比不强的字体**。你可以用大而对比不强的字体，又或者，小而对比强烈的字体。但是你千万不要使用小而对比不强的字体（当然，也应该尽量避免前面这两种）。除非你是在设计你自己的设计包网站，而你也确定你根本就不在意别人能不能看到这些文字。

- **不要把标签放到表单的字段里面**。是的，这样做很有诱惑，尤其是在拥挤的手机屏幕上。但是千万不要这么做，除非能满足以下所有条件：这个表单超级简单；当开始输入的时候，标签会消失，而当你清空内容的时候，它又会重新出现；这些标签永远不会跟要输入的内容混淆起来；而且绝不可能出现这种情况：标签和输入内容加在一起（例如 Job TiAssistant Managertle）。而且你还非常确定它们是可访问的。

如果你不赞同这一点，那么请在给我发邮件之前搜一下这篇文章：Don't Put Labels Inside Text Boxes（除非你就是 Luke W 本人），然后读完它。

- **保留访问过的链接和未访问的链接之间的区别**。网络浏览器会默认把你打开过的页面链接用另一种颜色显示，因此你能看到哪些选择已经尝试过了。这一点非常有用，特别是它是通过 URL 跟踪，而不是通过链接文字跟踪的。因此，如果你点击了旅行预订（Book a trip），然后又看到一个（访问过的）航班预订（Book a Flight）链接的时候，你就知道它会把你带到同一个页面。

你可以选择任何两种颜色，只要它们之间的区别非常明显。

- **不要让标题漂浮在段落之间**。标题应该靠近它们后面的正文，而不是它们前面的文字（是的，我知道，这一点在第 3 章已经提过了，不过它很重要，所以在这里再重复一遍）。

就这些了，朋友们。

就像 Bob 和 Ray 常说的那样："Hang by your thumbs, and write if you get work"[⊖]。

希望你还能偶尔访问一下我的网站 stevekrug.com，也可以给我发邮件，地址是 Stevekrug@gmail.com。我保证会读它们，也会重视它们，哪怕我不是经常有时间回复。

不过，不管怎么样，开心一点。我在开头的时候说了，建造一个优秀的网站是一项巨大的挑战，任何人，如果能做到一半都会得到我的崇敬。

还有，我并不是在反对打破规则——也不是要反对对它们进行改造。我知道有些网站希望自己的界面能让人们思考，让他们迷惑不解，或者挑战他们。只要确定你知道你在改造哪些规则，而且你至少认为你有充分的理由改造它们就行了。

噢，顺便，这是《Calvin and Hobbes》(《卡尔文和霍布斯》) 漫画的另一半。

《卡尔文和霍布斯》于1989年由Bill Watterson创作。引用获得UNIVERSAL UCLICK公司许可，保留一切权利。

⊖　这是 Bob 和 Ray 在广播节目中说"再见"的口头禅。——译者注

致谢

我只能给你们这么一件糟糕的 T 恤

> ……还要感谢 U.S.S. Forrestal 协会的人，
> 没有他们的通力协作就不会有这部电影。
> ——通常的电影致谢词

（可以在这里插入一些类似"需要一整个村子"[⊖]之类的话。）

但是的确如此。如果只有我自己，我可能根本就写不出这本书——更不用说，其实我根本就没想过要写它。但是，再一次，我又成功地集合了帮助我在本书上一版和《Rocket Surgery》一书渡过难关的战友们。

鉴于我的写作习惯，你们得知道我有多依赖他们，依赖他们的耐心和超乎寻常的友好。

和往常一样，我这种对待时间的态度会给牵扯进来的每个人带来麻烦。（听过"不挨到最后一分钟，我什么都不会做"这样的话吗？）坦白地说，每次我自己疏忽的时候，在这些友好的人里，总会有人在一直提醒我。

多谢以下这些朋友（实际上更多的是致歉）：

Elisabeth Bayle，她是我的朋友，向我提问，为我代言，已经有好几年了，而现在，是本书的编辑，尽管她可能并不想承认这一点。如果你也想过要写一本书，我能给你最好的建议就是找到一位聪明、有趣，而且和你一样对你的专业领域十分了解的人，然后说服他花几个小时听你讲述，提出中肯的建议，并帮你编辑。

不是说没有她就不会有这本书（当然，确实如此），而是如果不是有她的参与，我根本就不会考虑写本书。还要感谢 Elliott，和我一起工作一整天之后常常会让人精疲力竭，而她总是能重新打起精神来。

Barbara Flanagan，我亲爱的老朋友，也是一名专业的文字编辑。"在她的生活中，Barbara 从来不会犯一丁点语法错误。嗯，其实也有一次，她以为她错了，结果发现

⊖　有一句谚语叫做"It Takes a Village to Raise a Child."——译者注

她是对的。"在你们给我写信说明一些用法错误之前，你要知道，Barbara 在很久以前就已经检查过了，然后她又说："不过，这是你自己的话，你自己的书，你自己的呼声。"这种精神可真是大度。

Nancy Davis，Peachpit 出版社的总编，她是我的参谋，也是我的拥护者，她可是那种一句赞扬顶别人十句的人。我很遗憾没有找个借口跟她谈谈她那几个爱好鸟类学研究的孩子。

Nancy Ruenzel、Lisa Brazieal、Romney Lange、Mimi Heft、Aren Straiger、Glenn Bisignani，以及其他聪明、友好、睿智，同时又十分勤奋的出版社工作人员，你们给了我那么多支持（我相信，经常是默默的支持）。

我的审稿人——Caroline Jarrett 和 Whitney Quesenbery，她们付出了宝贵的业余时间来帮助我避免犯一些愚蠢的错误。换句话说，她们是我的"旅伴"，我们对很多事情的见解一致，而我也总是喜欢沉迷于这些志同道合的朋友的陪伴。不过，为了避免误会，我必须注明，这些一致的见解并不表示她们对我这本书里的全部内容都百分之百赞同。

Randall Munroe，谢谢你慷慨地让我在书里引用了你的作品，以及这么多年以来在 xkcd.com [⊖]给我和儿子带来的很多欢乐。

还有聪明而又风趣的同事们，——Ginny Redish、Randolph Bias、Carol Branum、Jennifer McGinn、Nicole Burden、Healther O'neill、Bruno Figuereido，以及 Luca Salvino。

为这本书做出了特别知识贡献的 Hal Shubin、Joshua Porter、Wayne Pau、Jacqueline Ritacco，还有哥本哈根 Bayard 研究室的各位。

Lou Rosenfeld，谢谢你精神上的支持，谢谢你的忠告。

Karen Whitehouse 和 Roger Black，正是你们，在 14 年之前给我机会在混混沌沌中

⊖　如果其中有一些内容你看不懂，那么有一大堆网站会帮你解释，就像 Rex Parker 和他在《纽约时报》每天的填字游戏一样。

开始写作本书的第 1 版。

感谢广大的**可用性专家群体**，他们都是一些很可爱的人，去参加一场 UXPA 的年会，然后看看他们都是谁吧。

在布鲁克林 Putterham Circle 星巴克工作的友好的 Baristas，经常是一整天里除了我太太之外我见到的另外一个人。（我想不是这些员工的错，是他们公司最近重新装修设计了这家店，因为最近他们认为，在店里，良好的照明并不是人们真正需要的。）

我的儿子 Harry，现在正在完成他的 RPI 学位，他永远不知道我有多珍视他的陪伴。我经常让他一次又一次地给我解释 meme（媒母，一种文化因子）和修辞之间的区别，这可持续消耗着他的耐心。

如果谁有一个认知科学专业辅修游戏设计的职位，我会非常高兴介绍给他。

最后，Melanie，她只有一个缺点，那就是由于她天生就不迷信，以至于经常会说："噢，我怎么整个冬天都没感冒过。"除了这一点之外，就像我经常说的那样，我可是天底下最幸运的丈夫之一。

如果你希望过上幸福的生活，那么，找到那个对的人。

用户体验度量：量化用户体验的统计学方法

作者：Jeff Sauro 等　ISBN：978-7-111-45904-0　定价：69.00元

认知设计

作者：Julie Dirksen　ISBN：978-7-111-38832-6　定价：69.00元

UX最佳实践：提高用户体验影响力的艺术

作者：Helmut Degen 等　ISBN：978-7-111-41108-6　定价：59.00元

交互设计指南（原书第2版）

作者：Dan Saffer　ISBN：978-7-111-30782-2　定价：33.00元

用户体验要素：以用户为中心的产品设计（原书第2版）

作者：Jesse James Garrett ISBN：978-7-111-34866-5 定价：39.00元

敏捷用户体验设计：用户体验设计应用敏捷方法的技巧与最佳实践

作者：Diana Brown ISBN：978-7-111-44721-4 定价：59.00元

优秀网站设计：打造有吸引力的网站（原书第3版）

作者：Patrick J. Lynch 等 ISBN：978-7-111-39959-9 定价：69.00元

交互设计沉思录：顶尖设计专家Jon Kolko的经验与心得（原书第2版）

作者：Jon Kolko ISBN：978-7-111-39678-9 定价：49.00元

推荐阅读

人件（原书第3版）

作者：（美）Tom DeMarco 等 ISBN: 978-7-111-47436-4 定价：69.00元

公认对软件行业影响最大、最具价值的著作之一，历时15年全面更新
与《人月神话》共同被誉为软件图书领域最为璀璨的"双子星"，近30年全球畅销不衰

在软件管理领域，很少有著作能够与本书媲美。全书从管理人力资源、创建健康的办公环境、雇用并留用正确的人、高效团队形成、改造企业文化和快乐工作等多个角度阐释了如何思考和管理软件开发的最大问题——人（而不是技术），以得到高效的项目和团队。

设计原本——计算机科学巨匠Frederick P. Brooks的反思（经典珍藏）

作者：（美）Frederick P. Brooks, Jr. ISBN: 978-7-111-41626-5 定价：79.00元

图灵奖得主、《人月神话》作者Brooks封笔之作，揭秘软件设计神话！
程序员、项目经理和架构师必读的一本书！

《设计原本》开启了软件工程全新的"后理性时代"，完成了从破到立的圆满循环，具有划时代的重大里程碑意义，是每位从事软件行业的程序员、项目经理和架构师都应该反复研读的经典著作。全书以设计理念为核心，从对设计模型的探讨入手，讨论了有关设计的若干重大问题：设计过程的建立、设计协作的规划、设计范本的固化、设计演化的管控，以及设计师的发现和培养。